빛깔있는 책들 301-30

월출산

글/조석필 ● 사진/심병우

대원사

조석필 ─────────

1953년 전라남도 진도에서 나서 광주제일고등학교, 전남대학교 의과대학을 졸업했다. 고등학교 때부터 산악 활동을 계속하고 있고, 1987년 전남의대 산악부의 히말라야 렌포강(7,083미터) 원정대를 이끌어 그해 한국대학산악연맹에서 선정하는 '올해의 산악인'에 뽑혔다. 의학박사·월간 『사람과 산』 편집위원·광주 하나소아과의원 원장이고, 이땅의 산줄기 원리에 심취하여 백두대간 복원 운동에 참여하고 있다. 『렌포강 하늘길』, 『산경표를 위하여』, 『태백산맥은 없다』 등의 책을 썼다.

심병우 ─────────

1964년 정읍 출생. 1990년부터 1993년까지 『사람과 산』 사진부 차장으로 근무하면서 백두대간과 낙동정맥을 종주하였다. 현재 스튜디오 '자연'에서 산과 관련된 사진을 주로 찍고 있다.

월출산

월출산

장군봉 능선 불끈거리는 암릉 너머로 개신리 너른 들판이 한가롭다.

월출산은 바위다

월출산은 바위다. 월출산의 힘, 월출산의 긴장, 월출산의 치열함, 월출산을 말하는 모든 찬탄과 경배는 바위를 보는 일로부터 시작한다. 꽃보다 많고 산토끼보다 많다는 월출산의 바위는 그리하여 불〔火〕이요, 불(佛)이다.

남녘 들판의 나른한 졸음을 뚫고, 믿을 수 없도록 치열하게 솟아오른 하늘불 월출산을 처음 대하던 누군가 이런 말을 했다.

"얼척없네."

어처구니없다는 뜻의 그 전라도 사투리만큼 월출산을 정확히 감탄한 말을 아직 들어 보지 못했거니와 사실이 그렇다. 하늘을 압도하며 불끈불끈 버티는 바람골 바위 성채 앞에서, 누군들 그것이 '불꽃' 이라 불리는 데 이의를 말하랴. 사실 월출산처럼 온몸을 적나라하게 드러내 보이는 산, 땅에서 하늘까지 군더더기 없이 수직으로 타오르는 산은 흔치 않다. 남도 땅 질펀한 들판의 어디에서 그런 얼척없는 힘이 솟았을까. 무엇을 향해 그리도 열렬히 타오르는 것일까.

월출산은 불꽃이다. 불은 생명의 근원이요, 하늘의 약속이다. 지상의

모든 불꽃은 다시, 신과의 교감이다. 월출산의 바위 성채가 불꽃으로 보였던 인간의 눈에, 그것들이 어느 날 미륵불로 변신하는 것은 그러므로 조금도 이상한 일이 아니다.

연꽃보다 많고 번뇌보다 많다는 월출산의 바위는 그래서 천불(千佛)이다. 월출산의 바위 하나, 돌 하나는 이땅에 불국토를 염원하는 백성들의 소망이 현신한 미륵불이다. 화순 땅 운주사라는 곳에 사람의 손으로 세운 천불 천탑이 있었다지만, 월출산은 자체로 하늘이 빚어 준 천불 천탑이다.

전설에 의하면 월출산 자락에는 아흔아홉 개의 암자가 있었다고 한다. 정말이지 월출산의 산등성과 골짝을 헤적이다가, 옛 암자터 하나쯤 발견하는 것은 아주 예사로운 일이다. 그것이 부처가 아니면 어떻고 산

신령이 아니면 또 어떠랴. 우리 삶의 고단한 무게를 잠시 나누는 안식
처로 충분할 것이다.

　월출산은 아름답다. 남도의 석화성, 호남의 소금강 따위 월출산을 말
하기 위한 노력들은 많았지만 어느 것도 "월출산은 바위다"라는 단순한
수사에 닿지 못한다. 월출산을 보는 것은 그래서 바위를 보는 것이고,
월출산을 말하는 것은 바위를 말하는 것이다. 눈으로 보면 불꽃이요 마
음으로 읽으면 부처인 월출산은, 바위다.

광암터 부근의 바위 전시장　월출산
을 보는 것은 바위를 보는 것이고 월
출산을 말하는 것은 바위를 말하는
것이다.

월출산의 자연지리

개관

월출산은 나라의 서남해안 모퉁이에서 눈부시게 빛나는 보석이다. 그에 대해 『택리지』는 "한껏 깨끗하고 수려하여 뾰족한 산꼭대기가 하늘에 오르는 화성조천(火聖朝天)의 지세"라고 했다. 소위 바위의 불꽃, '석화성(石火星)'이다.

석화성은 화강암 산지라는 공통점을 갖고 있다. 그것들은 지금 시대에 와서 대부분 국립공원으로 간판을 바꿔 달게 된다. 일찍이 설악산, 속리산, 북한산 등이 그러했고 월출산 또한 1988년에 이르러 나라의 막내둥이 국립공원으로 호적에 올랐다.

해발 809미터의 천황봉을 필두로 구정봉, 주지봉, 월각산, 수암산을 거느리는 월출산은 전라남도 영암군 영암읍, 군서면, 학산면과 강진군 성전면을 구성한다 [1] 면적으로 따지면 영암군과 강진군이 반반씩이다. 그럼에도 불구하고 이 산은 예로부터 '영암 월출산'이라 불려 왔다. 동석(動石)의 전설을 간직하고 있다는 소위 '신령스러운 바위' 자체가 '영암(靈巖)'의 뜻풀이였다.

남근석 부근에서 본 주릉과 천황봉 『택리지』는 "한껏 깨끗하고 수려하여 뾰족한 산꼭대기가 하늘에 오르는 화성조천의 지세"라고 했다.

강진읍이 산에서 멀리 떨어진 데 반해, 영암읍은 산의 북사면에 옹골차게 틀고 앉았다는 인문 지리적 환경이 작용했을 것이다. 고려에서 조선 초기까지 융성했던 영암군의 세력이 강진 무위사나 월남사까지도 영암의 월경처(越境處)로 했다는 사실(史實)도 있다. 게다가 월출산의 상징이랄 수 있는 구정봉과 바람골 암장들이 온전히 영암군의 영토였다.

월출산의 주릉은 행정적으로 강진군과 영암군을 구분하는 경계선이다. 주릉은 또한 산의 남북 문화권을 구획하고, 급경사에 골산인 북동 사면과 완경사에 육산인 남서 사면의 산세를 구별하며, 영산강과 탐진 강 물길을 나누는 분수령(分水嶺)이 된다. 분수령의 북쪽 사면을 적시

서해 낙조 하루의 마지막 빛살이 영산강과 서해 바다에 금물을 들였다.

는 은천골, 큰골, 홍계골, 주지골은 성호천, 송계천, 도갑천이 되었다
가 영산강을 이루고, 남쪽 사면의 우왕골, 경포대 물길들은 학동천, 금
천이 되었다가 탐진강을 이룬다.

월출산은 남쪽으로 강진과 해남을, 서쪽으로 목포를 굽어보고 있다.
다시 말해 바닷가의 산이다. 지금도 산록에서 십리 걸음이면 바다에 닿
거니와, 간석지 개간공사라는 게 없었던 옛날에는 밀물이 월출산의 발
을 적셨다.

그래서 이 지역은 일찍부터 고대 무역항으로 성장했다. 예를 들어 통
일신라 말 도당 유학승들의 3분의 2가 전남 지역 서남해안의 해로를

통해 중국을 드나들었다. 그 관문인 도포만의 덕진나루나 구림의 상대
포는 자연스레 문화적 선진 지역이 되었다. 더불어 산의 서쪽 평야지
대는 생산력의 바탕이 되는 비옥한 농경지를 갖추고 있었다. 이 지역
에서 집중적으로 그리고 특징적으로 발견되고 있는 고인돌과 옹관묘
는 일찍부터 꽃피웠던 그 선사 문화의 상징이다.

월출산을 지탱하는 양대 사찰은 도갑사와 무위사이다. 절에서는 바
다와 뭍에서 헤매는 영혼을 건지는 수륙재를 자주 치렀다. 당시 수륙재
의 야단법석을 펼칠 때 괘불을 걸었던 장소인 괘불석주가 지금도 절의
앞마당에 남아 있다.

월출산은 세 개의 국보와 다섯 개의 보물을 품고 있다. 무위사 극락
보전(국보 13호), 도갑사 해탈문(국보 50호), 용암사지 마애여래좌상
(국보 144호)이 국보이고, 도갑사 석조여래좌상(보물 89호), 월남사지
삼층석탑(보물 298호), 월남사지 진각국사석비(보물 313호), 무위사 선
각대사편광영탑비(보물 507호), 성풍사지 오층석탑(보물 1,118호)은
보물이다.

그것말고도 월출산 일대에는 암자터, 탑편, 와당, 석장승 따위 유물
들이 쌔고 쌨다. 자지등, 보지골, 남근석, 여근굴에다 수도 없이 널린
성혈들을 보고 있자면 월출산은 차라리 민속 신앙의 곳간이다. 월곡리
서낭골이라는 골짜기에서는 지금도 무당들의 재수굿, 신내림굿, 기자
굿이 무시로 펼쳐지는데 그러한 토속 신앙의 흔적에서 불교와의 관련
성 여부를 계산하는 것은 의미 없는 일이다. 월출산 동네에서 가장 권
위 있는 교주는 바위 자체였기 때문이다.

산은 제 품에 마을을 거두고 인물을 키운다. 월출산은 제 서북 자락
에 구림이라는 승지를 마련했고, 구림은 왕인과 도선이라는 영웅으로
보답했다. 여느 위인들과 확연히 구별되는 이 두 인물의 독특한 행적
은, 월출산의 문화를 비춰 보는 또 하나의 거울이 된다.

위치

월출산은 흔히 "소백산맥에 속한다"고 말해진다. 그리고 "동서남북 어느 쪽도 가닥을 갖다 댈 데가 없이 평지에서 돌출한 독립산이다"라고도 설명된다. 월출산의 위치를 말할 때 자주 인용되는 이 두 가지 '진리'는 그러나 사실과 다르다.

'산맥'이라는 말은 1903년 일본의 지질학자 고토 분지로(小藤文次郎)에 의해 제안된 후 몇몇 학자의 첨삭을 거친 지질학적 분류법이다. 그것은 땅속의 지질구조를 살피는 체계일 뿐, 땅 위에 실제로 솟아 있는 산의 지형적 요소를 배제한 것이다. 그래서 산의 소속이나 줄기를 정의하기에는 부적절하다는 문제점이 있다.

산의 위치와 줄기를 형태학적으로 분류한 체계로는 조선시대의 지리 개념인 '산경(山經)'이 있다. 산경이란 '산줄기'를 말한다. 그것을 기록한 지리서가 『산경표(山經表)』이다.[2] 『산경표』에 따르면, 우리나라의 모든 산들은 백두산을 뿌리로 하고 있으며 백두산에서 지리산에 이르는 도상길이 1,625킬로미터의 기둥산줄기가 곧 백두대간(白頭大幹)이다. 나라산줄기의 대들보 격인 그 백두대간에서 갈래쳐 나온 14개의 버금산줄기를 정맥(正脈)이라 한다.

14정맥 중의 하나인 호남정맥(湖南正脈)은 전라도 땅을 동서로 나누며 달리는, 호남의 중심산줄기이다. 월출산은 그 호남정맥에서 갈라진 가지산줄기에 속하는데, 그 산줄기를 필자가 '땅끝기맥'이라 명명해 두었다. 도상길이 118킬로미터인 땅끝기맥은 화순군 청풍면, 장흥군 장평면, 장흥군 유치면의 경계 지점에서 분지하여 계천산, 국사봉, 활성산을 거쳐 월출산에 이르고 벌매산, 두륜산, 달마산을 거쳐 땅끝으로 향한다. 그 과정에서 영산강과 탐진강 물길을 구획한다.

산은 그 생성 원리상 홀로 솟을 수 없다. 모든 산에는 줄기와 가지와

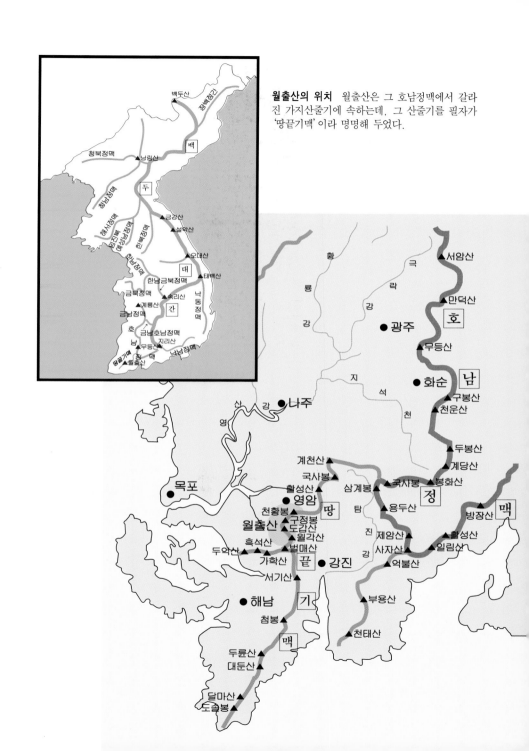

월출산의 위치 월출산은 그 호남정맥에서 갈라진 가지산줄기에 속하는데, 그 산줄기를 필자가 '땅끝기맥' 이라 명명해 두었다.

흐름이 있다. 월출산 또한 그 사실에서 예외는 아니다. 그럼에도 불구하고 월출산이 자주 '홀산'으로 오해 받는 이유는 산 북쪽의 넓디넓은 오지랖, 즉 영암평야 때문이다.

사실 영암평야에서 보는 월출산은 얼핏, 평지 돌출한 홀산처럼 느껴지기도 한다. 그러나 그것은 산을 앞쪽에서만 본 시각적 착각일 뿐이다. 5만분의 1 지형도를 보면 월출산의 동쪽과 남쪽은 500미터 이상 되는 주변 산의 등고선으로 빼곡하다. 불티재를 통해 활성산을 이어받고 밤재를 통해 벌매산에 그 줄기를 넘겨주는 월출산은, 나라의 다른 모든 산과 마찬가지로 백두산에 뿌리를 대고 있는 이 나라 산줄기의 일부이다.

산세와 지형

하늘에서 내려다본 월출산은 왕관(王冠)의 형상이라고 한다. 월출산을 사랑해 마지않던 한 영암 토박이가 어렵사리 구해 탔던 헬리콥터에서의 감동을 그렇게 전해 주었다. 잃어버린 왕국 마한의 금동관을 닮은 것일까.

해발 100미터의 등고선을 기준으로 했을 때의 월출산은 동경 126도 37분 45초에서 45분 02초 사이, 북위 34도 41분 15초에서 47분 14초 사이에 들어 있다. 도곽(圖廓)을 치면 정확하게 동서 11킬로미터, 남북 11킬로미터의 정사각형이다. 다시 말해 월출산

동쪽 주릉에서 본 눈 덮인 천황봉 하늘에서 내려다본 월출산은 왕관의 형상이라고 한다. 잃어버린 왕국 마한의 금동관을 닮은 것일까.

체는 정사각형에 내접하는 원이다. 원형의 몸체에 하늘 향해 솟구치는
바위 창검을 에둘렀으니, 왕관 외에 달리 없다.

월출산은 기암 괴석의 박물관이다. 그 박물관의 첫째 특징은 준급(峻
急)함에 있다. 천황사에서 천황봉에 이르는 등산로의 경사도가 27도에
이른다. 주요 등산로 전체가 이렇게 가파른 산은 이땅에 없다. 예를 들
어 코가 땅에 닿는다 해서 그 이름이 '코재'인 지리산 노고단 오름길만
해도 막바지의 부분 경사가 23도에 이를 뿐이다.[3]

말 좋아하는 사람들이 험한 산을 오르고 나서 "45도 경사는 되었을

거야" 하고 자랑하는 것을 보긴 했다. 그러나 그것은 낚시꾼들이 "팔뚝만한 고기를 낚았다"고 너스레 떠는 것과 별다를 바 없다. 우리나라 산의 정규 등산로 경사는 대개 10도에서 15도 안팎이다. 실제 경사가 45도라면 체감 경사는 거의 절벽에 가까운 법이다.

게다가 월출산은 땅에서 하늘까지 에누리없는 표고차 800미터를 올라야 하는 산이다. 내리막 한 번 없다. 1,000미터를 자동차가 벌어 주는 한라산은 놔 두고라도, 웬만한 산이라면 등산 기점이 대개 해발 200내지 300미터가 되는 법인데 월출산의 등산 기점은 옛날 바닷물이 드나들었다는 사자부락이요, 해발 20미터이다. 그런 사연이 있기에 800몇 미터라는 해발값만 보고 가벼이 들렀다가 혼쭐이 나서 돌아가는 일이 월출산에서는 아주 흔하다.

이처럼 극적인 월출산의 준급함은 그러나 천황봉 동쪽 사면에 한정된 것이다. 남쪽 땅에 들면 월출산은 여느 산과 다를 바 없이 10도 남짓의 유순한 산으로 변한다. 그래서 월출산이 가장 월출산답게 보이는

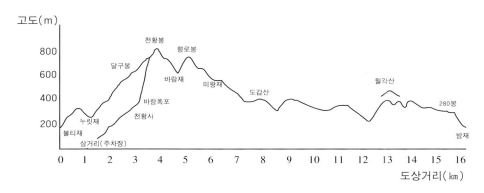

월출산 주릉의 단면 고도표 천황사에서 천황봉에 이르는 길은 우리나라 정규 등산로 가운데 최고의 급경사이다.

곳은 사자봉 일대, 즉 천황봉 동북 사면의 깎아지른 절벽이다.

월출산체의 두 번째 특징은 간결함이다. 주릉과 수암산 능선을 제외한 월출산의 모든 능선이 3, 4킬로미터 정도로 짧고 간결하게 끝난다. 구불거림도 별로 없다. 대체로 남북 방향으로 달리는 영암 쪽의 지릉들에서 그러한 현상이 특히 저명(著明)한데, 그것이 월출산을 홑산처럼 보이게 하는 지형적 특성이기도 하다.

계곡은 두 개의 능선 사이에 형성되는 지형이다. 그런 까닭에 월출산의 계곡 또한 능선의 특성을 이어받아 대체로 짧고 간결하며, 남북 방향으로 달린다. 바닥이 화강암인 데다 토양의 발달이 빈약하고 경사 또한 만만치 않은 월출산의 계곡들은 물을 머금을 기회가 많지 않아 수량이 풍부한 편이 아니다. 『택리지』는 그 점에 관해 "월출산은 골짜기의 마을이 적다"고 지적했다.

해발 100미터의 등고선을 따라가는 방식으로 계측한 월출산의 자연지리적 면적은 71.88제곱킬로미터이다.[4] 대략 울릉도만한 크기로 영암군이 37.38제곱킬로미터, 강진군이 34.5제곱킬로미터를 점유한다. 문헌들이 흔히 인용하는 월출산의 면적 41.88제곱킬로미터는 국립공원관리공단에서 임의로 구획한 행정 면적이지, 월출산의 자연 면적이 아니다.[5]

월출산을 이루는 네 개의 산채

하나의 산을 지형학적으로 이해하려면 먼저 주릉을 파악해야 한다. 산은 주릉과 지릉으로 구성된다. 주릉은 하나의 산에 하나뿐이고, 물길에 의해 끊기지 않으며, 대체로 최고봉을 포함한다.[6] 주릉이 뻗어나가는 도중 고도가 크게 낮아지는 고개까지를 그 산의 세력권으로 잡는다.

산의 범위는 이렇게 정의된 주릉과, 그 주릉에서 가지친 지릉의 세력이 미치는 전지역이다.

월출산의 주릉은 '불티재—누릿재—달구봉(555미터봉)—천황봉—향로봉—미왕재—도갑산—월각산—밤재'로 이어지는, 도상길이 16.1킬로미터의 동서 방향 능선이다. 불티재에서 천황봉까지는 서쪽으로 달리며 이후 서남향을 취하다가 주지봉 능선을 가지친 후 크게 방향을 바꾸어 남쪽을 향한다. 대체로 중간 지점인 도갑산까지는 높고 험하며, 이후로는 낮고 평탄한 능선을 이루어 월출산의 주 골격을 짠다.

지릉은 주릉에서 가지친 능선이다. 달리는 도중 어디선가 물줄기에 의해 끊기는데, 거기까지가 그 산의 세력권이다. 월출산에서 가장 긴 지릉은 향로봉 언저리에서 분지하여 수암산에 이르는, 도상길이 10.5킬로미터의 동남 지릉이다. 이 능선은 금릉경포대계곡의 서쪽 담장 노릇을 하고, 월남리와 월하리의 경계를 이루며, 13번 국도와 교차한 후 수암산으로 달린다. 불티재에서 성전면을 향해 내리받이로 달리던 13번 국도가 월남저수지를 지난 직후 느껴지지 않을 정도의 오르막을 형성한 곳이 그 교차점이다.

월출산에 관한 지금까지의 모든 지형 인식은 그 교차점을 능선의 끝으로 본 것이었다. 그럼으로써 월남리를 산기슭의 평야지대로 취급했다. 그러나 논리적으로 그 교차점은 고개이다. 고개는 능선의 일부이며, 물길을 가르는 분수령(分水嶺)이다. 만약 그곳이 고개가 아니라면 월남저수지의 물이 성전면 쪽으로 흘러야 한다는 말이 되고, 결과적으로 수암산은 학동천과 금천에 의해 온전히 에워싸인 육지 속의 섬이 된다.

지형적으로 13번 국도와의 교차점이 금릉경포대계곡의 물과 무위사 계곡의 물을 가르는 분수령이기 때문에 수암산은 분명한 월출산의 식구이다. 그래서 월남리는 산중턱이 된다. 산허리에 위치하지만 산기슭

천황봉 서쪽 주릉의 아침(위)

정상 표지석 천황봉이라고 새겨진 정상의 암괴는 미아콜리 세립질 화강암이다.(오른쪽)

처럼 평평한 땅, 그것이 월남리의 정확한 입지이다.

　지도에서 일정 고도 이상의 산지에 색을 칠해 보면 그 산의 입체적 형상이 대략 떠오른다. 월출산의 경우 해발 300미터 등고선이 적당한 기준선이 된다. 표고 300미터 이상의 산지가 전체 면적의 3할쯤을 차지하기 때문이다. 그런 방법으로 채색을 해보면 월출산은 크게 네 개의 산채로 구성되어 있음을 알 수 있다.

천황봉 산군

　주릉을 기준으로 할 때 불티재에서 도갑천의 발원지까지인 천황봉 산군은 월출산의 본채이다. 총면적 38.5제곱킬로미터로써, 월출산지 전체 면적의 절반 이상을 차지하므로 좁은 의미의 '월출산'은 이 산채를 일컫는다. 사자봉, 장군봉, 달구봉, 천황봉, 향로봉, 구정봉, 양자

월출산의 지형 해발 100미터의 등고선을 기준으로 한 월출산체에서 해발 300미터 이상의 산지를 짙게 표시해 보면 월출산이 크게 4개의 산군으로 형성되어 있음을 알 수 있다. 그림에 표시된 여러 산줄기 가운데 불티재에서 밤재에 이르는, 끊기지 않는 산줄기가 월출산 주릉이다.

봉, 노적봉 따위 온갖 바위 불꽃이 거기 다 피어 있고, 명찰도 보물도 전설도 거기 다 모여 있다.

월각산군

월출산 주릉에서 천황봉 산군을 뺀 나머지 부분을 차지하는 월각산(月角山)은 월출산의 별당이다. 지형도들은 흔히 이 산군의 최고 지점인 465미터 삼각점봉을 월각산이라 표기하고 있지만 현지 주민들은 그렇게 부르지 않는다. 펑퍼짐한 육산에 별다른 특징이 없기 때문이다. 그보다는 1킬로미터 남쪽에 뾰족하게 솟은 420미터짜리 암봉이 눈길을 끈다.

주민들에 의해 월각산이라 불리는 이 암봉은 성전면 송월리의 주산이기도 하고 장군터, 호랑이굴 등의 명소와 전설을 갖추고 있어 월출산의 일각(一角)으로서 아쉬움이 없다. 어쨌거나 두 봉우리 다 주릉에서 살짝 비켜 앉은 매무새이기에, 월각산은 영락없는 별당마님의 처신이다. 면적은 16.69제곱킬로미터이다.

주지봉 산군

본채와 별당의 접점에서 가지친 북서 지릉의 주지봉(朱芝峰)은 왕인과 도선이라는 월출산의 두 외교관을 키운 사랑채. 그런 까닭인지 산봉우리도 쌍봉의 형국를 갖췄다. '형제봉'의 전라도식 표현인 '성제봉'이라는 이름도 거기서 유래했다. 흔히 두 봉우리를 뭉뚱그려 주지봉이라 부르기도 하나 엄밀하게는 최고봉인 491미터 암봉을 주지봉, 그 서쪽의 470미터 암봉을 문필봉(文筆峰)이라 한다는 게 정설이다. 월출산 주릉에서 볼 수 있는 산은 주지봉뿐이며, 그 뒤에 가린 문필봉의 붓끝 형상은 구림에서만 감상된다.

면적 8.44제곱킬로미터인 주지봉 산군은 따로 떼서 굴린다면 데구르르 굴러갈 듯한 원형의 산세이다. 그래서 산계와 수계도 방사상의 특징을 지닌다. 주지봉의 자랑은 그곳이 월출산 최고의 전망대라는 사실이다. 주지봉 정수리에 서면, 육산과 골산으로 절묘하게 균형 잡힌 월출산의 전경이 눈에 시리게 들어온다.

수암산군

수암산(秀岩山)은 월출산의 정자(亭子)다. 높이 412미터에 면적 8.25제곱킬로미터. 이름에 바위 암 자가 붙었으되 바위산이 아니며, 간신히 월출산 식구에 들기는 했으되 너무 멀기에 정자의 신세를 면하

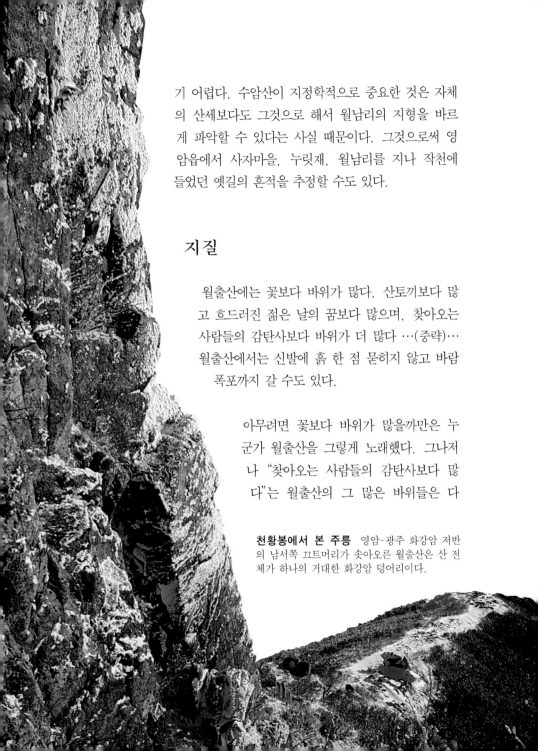

기 어렵다. 수암산이 지정학적으로 중요한 것은 자체
의 산세보다도 그것으로 해서 월남리의 지형을 바르
게 파악할 수 있다는 사실 때문이다. 그것으로써 영
암읍에서 사자마을, 누릿재, 월남리를 지나 작천에
들었던 옛길의 흔적을 추정할 수도 있다.

지질

월출산에는 꽃보다 바위가 많다. 산토끼보다 많
고 흐드러진 젊은 날의 꿈보다 많으며, 찾아오는
사람들의 감탄사보다 바위가 더 많다 …(중략)…
월출산에서는 신발에 흙 한 점 묻히지 않고 바람
폭포까지 갈 수도 있다.

아무려면 꽃보다 바위가 많을까만은 누
군가 월출산을 그렇게 노래했다. 그나저
나 "찾아오는 사람들의 감탄사보다 많
다"는 월출산의 그 많은 바위들은 다

천황봉에서 본 주릉 영암-광주 화강암 저반
의 남서쪽 끄트머리가 솟아오른 월출산은 산 전
체가 하나의 거대한 화강암 덩어리이다.

어디서 났을까. 비밀은 폭 20킬로미터에 길이 100킬로미터쯤 된다는 소위 '영암-광주 화강암 저반(底盤)'에 있다. 월출산은 그 화강암 저반의 남서쪽 끄트머리 일부가 솟아오른 것이다.

그러므로 월출산은 산 전체가 하나의 거대한 화강암 덩어리이다. 거기에 얹혀사는 월출산의 흙은, 풍화의 결과로 생성되어 바위의 틈새를 메워 주는 접착제에 불과하다. 평탄한 지형 위에 마치 섬처럼 솟아 있는 그러한 고립 구릉 암체를 지질학에서는 인젤버그(Inselberg)라 한다. 그보다 규모는 작지만, 산기슭 민가의 안마당이나 들판 복판에 게으른 황소처럼 졸고 있는 집채만한 바위들이 모두 '섬산'이다.

석영과 장석류를 주성분으로 하여 특유의 까칠한 감촉과 밝은 색조를 특징으로 하는 화강암은 우리나라 지질의 30퍼센트를 차지하는 암석이다. 수십 킬로미터 깊이의 지하에서 형성된 화강암 마그마가 지각을 뚫고 올라오는 동안 천천히 식으면서 굳어진 암석이므로 지표면에 드러나게 되면 달라진 환경과 조건 때문에 불안정한 상태가 된다. 화강암이 풍화에 약한 이유는 그것 때문이며, 결과적으로 화강암이 거대한 산체를 이루는 일은 흔치 않다.[7]

설악산, 북한산, 도봉산 등으로 대표되는 우리나라 화강암의 대부분은 햇수로 1억 5,000만 년 전후를 헤아리는, 중생대 삼첩기, 쥐라기, 백악기 초에 걸친 소위 '대보 조산 운동' 때 만들어진 것이다. 그러나 남부 지방 일부에서 관찰되는 화강암은 중생대 백악기 말에 관입된 것으로써 그 생성 시기가 달라 '불국사 화강암'이라는 이름을 따로 얻었다. 방사성 동위 원소로 측정한 연령이 대략 6,000만 년 전쯤인 월출산의 화강암은 한반도에서 공룡 시대가 마감하는 무렵에 탄생한 것이다. 월출산의 화강암은 크게 흑운모 화강암에 속하며, 주로 조립질 화강암으로 구성되어 있으나 곳곳에 세립질 화강암도 분포한다.

화강암 지형의 특징은 절리와 풍화이다. 그 가운데서도 특히 절리는

해질 무렵의 천황봉의 위용 월출산은 수평 방향과 수직 방향의 절리를 고루 발달시키고 있어 한쪽 방향의 절리가 우세한 다른 화강암 산들과 경관을 달리한다.

화강암 지형의 재단사이다. 월출산은 수평 방향과 수직 방향의 절리를 고루 발달시키고 있어 한쪽 방향의 절리가 우세한 다른 화강암 산들과 경관을 달리한다. 월출산의 기이한 경관에는 수평절리가 특히 큰 영향을 미치고 있는데 예를 들어 월출산 동석(動石)은 수평절리와 수직절리의 협동 작업에 의해 생긴 것이며, 계곡 상류의 사면에서 관찰되는 집중 평행 구조는 수평절리가 무수하게 발달한 결과이다.

절리가 발달한 월출산에서 북한산 인수봉처럼 거대한 몸집의 박리돔 (exfoliation dome)을 보기는 쉽지 않다. 대신 오랜 세월 수직절리를 따라 차별 풍화가 진행되어 바위병풍처럼 도열하고 있는 성곽암(castle koppie)이 잘 관찰된다. 멀리 보면 불꽃이요, 가까이 보면 성채인 그 성곽암들이 더 벌어져 일부는 붕괴되고 홀로 남은 형태가 돌암(突岩,

tor)이다. 남근석, 솟대바위, 불상바위 등의 이름을 갖고 있는 이 독립 암탑들은 성곽암과 함께 주로 능선에 발달해 있어 월출산 바위 형태의 한 전형을 이룬다.

절리가 형태의 재단사라면 풍화는 표면의 미용사이다. 집적된 유기 산과 물이 고여 암석 표면에 원형 혹은 타원형의 풍화혈(風化穴, weathering pit)을 만들면, 반복 풍화에 의해 구멍이 확대된다. 그 전형은 구정봉 정상에서 관찰되는, 이른바 '아홉 개의 바위가마솥'이다. 가장 큰 것의 지름이 300센티미터, 깊이가 50센티미터에 이르니 거기에 빗물이 고이고 전설이 고이는 것은 당연하다.

부분 풍화에 의해 바위 허리가 버섯목처럼 잘록해지면 지질학자들이 불꽃사면(flared slope)이라 부르고, 바위 사면에 함지박 같은 구멍이 패이면 이것을 암벽등반가들은 '벙어리 크랙'이라 부른다. 수직의 암벽

구정봉 바위 웅덩이　구정봉 정수리에 있는 아홉 개의 바위 웅덩이는 집적된 물과 유기산의 반복 풍화 작용에 의해 형성된 것으로 지질학에서는 풍화혈이라 한다.

을 오를 수 있는 비밀의 문은 '크랙', 즉 절리에 있는 법인데 오름길이
될 것처럼 생긴 그 구멍들이 오히려 걸림돌이 되는 경우가 많아 붙여진
이름이다. 그보다 작은 풍화 구멍들은 흔히 성혈(性穴)로 간주되며, 그
런 바위는 대개 알바우라 불린다.

　능선의 바위들은 언젠가, 세월의 무게를 이기지 못하고 부서져 내린
다. 쓸려 내려온 바위들이 산비탈에 널리면 각력사면(角礫斜面, talus

slope)이 되고, 계곡에 누우면 암괴류(岩塊流, block stream)가 된다. 바람골에서 그 전형이 관찰되는 암괴류나, 우리가 흔히 '너덜겅'이라 부르는 각력사면이나 모두 지질학적으로는 언젠가 흙이 될, 바위의 황혼이다. 그때까지는 온몸으로 화강암 지형의 전형을 표현하고 있을 바위의 천국 월출산에서는, 참말로 '신발에 흙 한 점 묻히지 않고' 바람폭포까지 갈 수 있다.

푸른 월출산 월출산은 식물분포 구계상 난대로부터 온대로 이행되는 온대 요소의 북한계선에 해당한다. 멀리 금릉경포대계곡의 수문장인 양자봉이 뚜렷하다.

생태계

암석의 노출이 심하고 토양의 발달이 극히 미약한 월출산은 꽃과 나무가 뿌리를 내리기에 적합하지 않은 땅이다. 개나리, 진달래가 피지 않는 것은 아니지만 월출산 경관을 압도하는 것은 아무래도 바위와, 그 바위 사이에 발달한 소나무 군락들이다. 그렇기 때문에 월출산에서 능선과 계곡이 철따라 화려한 계절의 색깔로 변신하는 일을 기대하는 것은 무리다.

1986년의 영암군청 자료에 따르면 월출산 지역은 연평균 기온 섭씨

월출산의 봄 금릉경포대계곡 상부에 봄의 푸르름이 완연하게 물들었다. 월출산의 나무들은 일부 사찰림이나 계곡을 제외하고는 거의가 나이 어린 2차림이며 그 대부분을 소나무가 차지한다.

12.7도, 연강수량 1,463밀리미터, 상대 습도 76퍼센트이다. 강수량이 많고 다습한, 난온대 기후 지역에 속하므로 난대와 온대성 식물의 분포가 함께 예상되고 해안성 식물의 분포도 기대되는 흥미로운 지역이다. 한국자연보호협회에서 실시한 1988년의 조사 결과는 월출산이 "식물분포 구계상 주요 구성종은 온대 요소이고 여기에 난대 요소가 섞여 있는, 다시 말해 난대로부터 온대로 이행되는 온대 요소의 북한계선"이라고 한다.[8]

　그 조사에서 월출산 일대의 포유류는 다람쥐가 우점종(優占種)이었다. 집박쥐, 멧토끼, 두더지도 제법 있으나 노루와 고라니는 희소했고, 구렁이가 멸종 위기에 몰려 있다. 박새, 붉은머리오목눈이, 흰배지빠귀 등을 우점종으로 하는 조류는 35종 258개체가 관찰되었으며, 양서

류는 참개구리가, 파충류는 무자치와 유혈목이가 우점종이었다.

관속식물은 120과 391속 574종 77변종 7품종 해서 총 658종이라고 발표되었다[9]. 월출산의 나무들은 일부 사찰림이나 계곡을 제외하고는 거의가 나이 어린 2차림(二次林)이다. 그 대부분을 소나무가 차지하며 사이사이 신갈나무, 소사나무, 피나무 등이 끼어 산다.

산의 정상부나 능선의 산림은 빈약하다. 그러나 사찰이나 계곡, 경작지 주변 등 저지대에는 참나무, 굴피나무, 밤나무, 단풍나무 따위 낙엽활엽수림이 상층림으로서 잘 발달해 있다. 그 사이로 사철나무, 사스레피나무 따위 상록활엽수가 잠재 식생으로 분포하고, 동백나무 군락과 식재한 대나무도 눈에 띄며 그 밑에 조팝나무, 조록싸리, 찔레꽃 등의 관목이 살림을 차렸다.

월출산 지역에서 생태계의 보물창고는 아무래도 사찰림으로 보호되고 있는 도갑사 주변 계곡이다. 국부적으로 하천, 삼림, 토질의 영향을 받아 기후 특성이 달라진다는 소위 미기후(微氣候) 현상을 보이는 이 지역은 동백나무, 가시나무 등 10여 종의 상록활엽수가 분포할 뿐 아니라, 미륵전 아래 계곡에 수령 80년 이상의 붉가시나무 노목들이 군락을 형성하고 있다. 부분적이기는 하지만 난대성 상록활엽수가 상층림을 이루고 있다는 사실이 일대의 과거 식생을 짐작하게 하는 단서가 된다. 특기할 것은 바둑돌부전나비의 존재이다. 남한에서는 국지적으로 분포하며 어디서나 그 수가 많지 않은 것으로 알려진 바둑돌부전나비가 도갑사 주변에 많이 살고 있다. 게다가 도갑사 일대는 월출산에서 가장 다양한 나비목 곤충이 채집되는 지역이고, 주변 수계에는 보호해야 할 종인 애반디불, 노랑실잠자리의 유충이 서식한다.

도갑사 입구 저수지에서는 또한 한국에서 처음으로 담수해면(淡水海綿)이, 계류변 습지에서는 희귀 식충(食蟲)식물인 끈끈이주걱, 땅귀개, 이삭귀개가 발견되었다. 자연 습지의 개발 이용에 따라 생육지를

돌양지꽃

중나리

은꿩의다리

박탈당함으로써 그 분포가 극히 한정되고 개체수가 급속한 감소 추세
에 놓여 있다는 이들 희귀 식충식물 3종이 동시에 발견된 것은 대단히
이례적인 일이었다.

하나 더 기록해 둘 일은 월출산 전지역에 널리 분포하고 있는, 고급
한지의 재료인 산닥나무의 존재이다. 현재까지 강화도, 진도, 남해도,
진해 등에 국한적으로 분포한 것으로 알려진 산닥나무는 그 기원을 "일
본으로부터 들여다 강화도에 심었다"는 설에 두고 있었다.

그러나 한국자연보호협회가 월출산 전지역을 산닥나무의 분포지로
확인함으로써 '우리나라가 산닥나무의 자생지'라는 추정을 가능하게

미왕재 억새밭 가을산의 전령인 미왕재 억새밭에 파묻히면 사람들은 잠시 바위의 박물관 월출산에 들었다는 사실을 잊는다.

하고, "왕인(王仁) 박사가 지침바위에서 종이를 만들어 썼다"는 전설을 뒷받침한다.

월출산은 땅을 조금만 파 들어가면 바위가 드러나는 산이다. 특히 북사면은 토양의 발달이 현저히 미약하다. 게다가 토양 미생물의 군집 크기와 토양 환경으로 판단하는 토양 생태계의 수치도 낮다. 그럼에도 불구하고 노랑제비꽃, 얼레지, 원추리들이 초원을 이루는 월출산은 아름답다. 동식물의 개체수는 많지 않더라도, 그 종류는 어느 국립공원 못지않게 다양하다. 예를 들어 월출산 하계(夏季) 조류의 종다양성(種多樣性) 수치인 Ḣ=3.0031은 우리나라 10개 국립공원에서 중간 정도에서는 값이다.

힘센 나무 사이로 조릿대(山竹)가 바람의 노래를 연주하고, 미왕재의 넓디넓은 억새밭이 패러다임의 전환을 요구하는 월출산. 4월이면 산기슭 다랑이에 녹비(綠肥)로 자생하는 붉은빛 자운영이 바위얼굴의 립스틱처럼 선명한 월출산은 아름다운 산이다.

월출산의 인문지리

명칭

월하, 월남, 월평, 월곡, 월각, 월봉, 월송, 월대, 월암, 월산, 월악, 월비, 월학, 월흥, 월강, 대월, 상월, 송월, 신월…… 월출산 자락에 둥지를 틀고 있는 마을이나 자연 지명들을 보면 월출산은 과연 '달의 왕국'이다. 봉우리에, 계곡에, 바위에 그리고 소나무 사이에도 달이 걸렸다. 학처럼 나래를 펴고 때로 비상(飛上)하기도 하는 월출산의 달은, 적어도 월출산 동네에서만큼은 지지 않을 신화로 보인다.

월출산에 대해서는 지금까지 대략 13개의 산 이름이 조사되었다. 그 가운데 삼국시대의 월나악(月奈岳), 고려시대의 월생산(月生山), 조선 이후의 월출산(月出山)이 정사(正史)로 기록된다.[10] 고어에서 '느른 (奈)'는 '낳다(生, 出)'의 뜻이니, 월출산은 줄기차게 달 월 자 돌림의 '달내뫼'였던 셈이다.

『삼국사기』권32 「잡지」1의 '제사조'를 보면 "월나악에서 국제(國 祭)로 소사(小祠)를 지낸다"는 기록이 있다. 월나악제(月奈岳祭) 자체 는 통일신라 때의 일이지만, 월나악이라는 산의 명칭이 지금의 영암읍과 군서면 일대의 백제 때 고을명인 월나군에서 유래한 것으로 보이므로 문헌으로 고증되는 최초의 산 이름은 백제의 것이다. 혹은 산 이름이 먼저였고 고을명이 뒤따랐을 수도 있다.

산은 고려에 들어 이름을 한 번 바꾼다. 『고려사』「지」11 '지리' 2의 영암군조에 "신라 때 월나악이라 칭했고 소사를 지냈는데 고려 초에 월생산이라 칭했다"고 쓰여 있는 기록이 그것이다. 기사 가운데 '고려 초'라고 한정한 것이, 고려 중기 이후로는 다른 이름으로 불렀다는 것을 의미할 수 있다. 실제로 『신증동국여지승람』은 고려 때의 명칭이 월출산이었다고 적는다.

그런 이유로 월출산이 고려 때부터의 이름이었을 가능성도 있지만 중요한 문제는 아니다. 어쨌거나 조선조에 이르면 『동국여지승람』, 『택리지』, 『산경표』, 「대동여지도」 등 모든 지지(地誌)와 지도가 일관되게 월출산으로 정명(正名)하고 있다.

정작 중요한 관심거리는 1,500년을 내려 받았다는 돌림자 '월(月)'이 과연 '달'을 일컫는 말이었느냐 하는 데 있다. 많은 사람들은 지금도 "영암 구림에서 보면 마치 달이 이 산에서 생겨나 떠오르는 듯이 보이기 때문"이라는 해석을 붙여 그것이 달을 의미한다고 믿는다.

혹은 '달뫼(月山)'라는 마을 이름이 있음을 근거로 삼기도 한다. 하지만 월출산 구석구석 달이 잘 보이지도 않을 고을에도 달 월 자 돌림이 붙어 다니는 것을 보면, 대체로 산 이름이 먼저였고 그것에 따라 작은 동네 이름이 지어진 것으로 보는 것이 타당할 것이다.

어떤 이는 '월(月)'을 알과 연관해 설명하기도 한다. 알맹이, 불알, 씨알에 붙는 '알'은 모든 사물의 근본, 시작, 핵을 뜻하는 우리말로서 그것이 땅 이름에 들어간 후 한자어 표기 때 '아(阿)', '월(月)' 등의 음으로 굳어졌다는 해석이다. 즉 월출산은 '알'에서 출발된 '어라' 계통의 이름이요, '영암(靈岩)'은 곧 '얼배(얼바위)'라는 것이다. 이 주

「대동여지도」의 월출산 부근 「동여도」의 지명을 첨가하여 1985년에 복간한 이우형 본(本)이다.

구정봉 바위틈에서 바라본 달 월출산 구석구석 달이 잘 보이지도 않을 고을에도 달 월 자 돌림이 붙어 다니는 것을 보면, 대체로 산 이름이 먼저였고 그것에 따라 작은 동네 이름이 지어진 것으로 보는 것이 타당할 것이다.

장은 산 주변의 성혈이나 알터와 관련되어 설득력을 얻고 있는 뜻풀이다.

그러나−여러 의견에도 불구하고−월출산은 본질적으로 바위산이다. 그 힘과 기개는 태양을 닮은 양(陽)의 것이지, 달을 연상시키는 음(陰)의 그것이 아니다. 게다가 월악산, 추월산 따위 우리나라의 월 자 돌림 산들의 대부분이 바위로 이루어진 골산이라는 사실도 우연으로 돌리기에는 석연찮은 부분이다.

그래서 혹자는 다음과 같은 주장을 주목한다.[11]

알타이 조어나 고구려어에서 '달(月)'은 '높다' 혹은 '산(山)'의 뜻을 지니고 있었는데, '돌(石)'과 그 어원이 같다고 하겠다.

그것은 월출산의 '월(月)'이 달이 아니라 돌이었을 가능성을 열어 둔다. '돌산'이 '돌산'으로 불리다가 한자 표기 과정에서 '월산(月山)'으로 기록되었을 수 있다는 것이다. 아무려나 월출산은 달보다는 태양, 그림자보다는 불꽃의 이미지가 어울리는 바위산이다.

역사

월출산 지역의 상고사는 청동기시대로부터 쓰인다. 구석기나 신석기 시대의 유물이 발견되지 않고 있기 때문이지만, 고인돌과 옹관묘로 대표되는 이 지역의 빛나는 선사 고대 문화 유적들로 미루어 보건대 석기 시대 유적의 발견 가능성은 여전히 남아 있다.

고인돌은 청동기시대의 대표적 묘제(墓制)이다. 흔히 '고인돌의 왕국'이라 불리는 전남 지역에서 현재까지 파악되어 있는 고인돌의 수는 1만 9,000여 기에 달하며, 이는 전국에 남아 있는 고인돌 수의 대부분을 차지한다. 월출산 지역에도 많은 수가 분포하는데, 주릉을 중심으로 한 북쪽, 즉 영암 지역에 집중되는 경향을 보이고 있어 흥미롭다. 동구림리에서 출토되어 국보 231호로 지정된 청동기 용범(鎔范)은 이 지역에 발전된 청동기 제작 집단이 살고 있었음을 시사하는 것이다.[12]

청동기로 시작하여 철기 문화를 꽃피웠던 삼한시대에, 마한은 가장 강력하고 융성했던 부족연맹이었다. 특히 영산강 유역을 중심으로 한 마한 세력들은 한반도에서 유일하게 대형 독무덤(甕棺墓)을 사용함으로써, 다른 지역과의 차별성을 보인다. 그 가운데 반남면 신촌리 9호분에서 출토된 금동관과 환두대도는 그 부족의 우두머리나 사용했음직한 유물로, 이들 옹관묘 집단의 사회·경제적 영향력을 짐작하게 하는 것이다.

마한은 대체로 서기 369년에 백제(근초고왕 24)에 복속된 것으로 학계에서는 정리되어 있다. 그러나 향토사학자들은 그 의견에 강한 회의를 나타내며, 적어도 영암·강진을 포함한 서남해안 지역만큼은 5세기 말에 이르러서야 비로소 백제에 편입되었다는 확신을 갖고 있다. 그 시기에 백제 지배세력의 묘제를 대표하는 석실분이 나타나며, 그것이 다시 옹관묘의 소멸 시기와 대체로 일치하기 때문이다.

작천면에서 바라본 월출산

그들의 주장은 전남 지역에서 백제시대의 불교 유적이 거의 발견되지 않고 있다는 사실도 뒷받침한다. 문화적으로만 따지면 영산강 일대는 마한에서 곧바로 통일신라로 넘어가는 듯한 양상을 보이는 것이다. 그처럼 이 지역의 마한·선사시대 사람들이 한반도에서 가장 독특하고 융성한 문화를 꽃피웠던 배경에는 비옥한 농경지, 거주에 적합한 구릉, 해상교통의 요지라는 지형적 요건이 두루 뒷받침하고 있었기 때문이다. 그러한 지형적 관점은 월출산을 중심으로 한 남북 지역의 문화 양상의 차이를 설명하는 도구가 되기도 한다. 예를 들어 영암 지역에는 전남에서 가장 많은 100여 기 이상의 마한 묘제가 분포하는 반면, 강진 쪽에서는 거의 발견되지 않는다.

백제에 들면 비로소 행정구역과 명칭이 나타난다. 역사시대에 접어든 것이다. 영암 지역에는 월나군, 아노곡현, 고미현 등이 있었고 강진 지역에는 동음현, 도무군 등이 분포했다.

백제시대의 수수께끼는 단연 왕인이라는 전설적 인물의 입신 과정이다. 탄생지도 그렇거니와 그의 도일(渡日)을 추진했던 주체가 누구냐 하는 것도 논란거리이다. 왜냐하면 왕인이 일본으로 건너갔다는 4세기 말에서 5세기 초반은—적어도 향토사학자의 주장대로라면—이 지역이 백제 땅이 아니라 독자적인 마한의 세력권이었기 때문이다. 다시 말해 왕인은 백제의 중앙정부에서 파견을 명한 사람이 아니라, 이 지역에서 독자적으로 파견한 인물일 수도 있다는 추정이다.

통일신라시대 역사는 두 가지 점에서 관심을 끈다. 하나는 이 산에서 나라의 제사를 지냈다는 것이요, 다른 하나는 영암군이라는 명칭이 처음 등장했다는 사실이다. 서기 757년, 신라 경덕왕의 소중화(小中華) 정책이 온 나라의 군현 명칭을 중국식으로 뜯어고칠 때 월나군 또한 행정구역의 변화 없이 명칭만 영암군으로 바뀌었다. 고미현이 곤미현으로, 아노곡현이 야노현으로, 동음현이 탐진현으로 바뀐 것도 그때의 일이다. 흥미로운 것은 현재의 강진군 일대로 추정되는 도무군이 양무군으로 바뀌면서 인근의 4개 현을 거느리는 큰 고을로 성장한 배경이다. 학자들은 그것을 장보고의 청해진 세력과 관련시켜 읽는다. 강진 지역이 해상교역로의 중심으로 떠오르지 않았나 하는 추정인 것이다.

고려에 들어 월출산의 남북 땅은 세력 판도에서 극적인 변화를 맞는다. 전라도에서는 보기 드물게 왕건의 후원자를 자임했던 최지몽을 중심으로 한 영암 세력이 급성장한 데 반해, 그렇지 못했던 강진의 양무군 등은 신라 때의 당당한 판도를 상실한 채 쇠락의 길을 걷는 것이다. 이 시기의 영암은 해남, 강진을 포함한 인근의 5개 군현을 거느리는 커다란 세력권으로 부상하며 그러한 성장을 배경으로 다양하고 발전된 불교 문화를 꽃피운다.

현재 전하는 월출산 불교 유적의 대부분이 그때 조성된 것이되, 그 양상은 남과 북이 또 다르다. 산 북쪽의 용암사지 마애여래좌상이나 성풍사지 오층석탑 등이 국가적 후원을 배경으로 하는 고려 양식의 불교 유적인 데 반해, 남쪽의 월남사지 삼층석탑 등은 현지 주민들의 염원을 실은 백제계 양식인 것이다.

조선시대의 영암과 강진은 몇 차례의 행정조직 정비를 더 거친다. 예를 들어 영암은 진도, 옥산, 옥천, 화원 등 남쪽 지역의 대부분을 해남현에 넘겨주면서 현재의 모습을 갖추게 된다. 월출산 지역이 마지막으로 대대적 개편을 치른 것은 1914년 일제의 행정구역 개편 작업에 의한 것이었다.

월출산은 1972년 1월 29일 전라남도 지방기념물 제3호로 지정됨으로써 나라의 보호를 받는 산이 되었다. 1973년 3월 14일에는 전라남도 고시 제9호에 의해 도립공원이 되었고, 1988년 국립공원이 되었다. 강진면이 강진읍으로 승격된 것은 1936년이었고, 영암면이 영암읍으로 승격된 것은 1979년의 일이었다.

구정봉 정수리에 아홉 개의 바위 웅덩이가 있다 해서 '구정'이라 이름 붙은 이 암봉은 거기에 금수굴과 동석의 전설을 보태 월출산에서 가장 이야깃거리가 많은 봉우리로 꼽힌다. (위)

구정봉 아래에 있는 동석 그 무게는 비록 천백 인을 동원해도 움직이지 못할 것 같으나, 한 사람이 움직이면 떨어뜨릴 것 같으면서도 떨어뜨릴 수가 없다. (오른쪽)

바위 문화

월출산은 영암(靈巖)이다. '영암'은 신령스러운 바위다. 월출산에는 그 '신령스러운 바위' 즉 동석(動石)에 관한 다음과 같은 전설이 전한다.

월출산 구정봉 아래에 동석이 있다. 특히 층암(層巖) 위에 있는 것은 높이가 한 길 남짓하고 둘레가 열 아름이나 된다. 서쪽으로는 산마루에 붙어 있고 동쪽으로는 절벽에 임해 있다. 그 무게는 비록 천백 인을 동원해도 움직이지 못할 것 같으나, 한 사람이 움직이면 떨어뜨릴 것 같으면서도 떨어뜨릴 수가 없다. 그러므로 영암(靈巖)이라 칭하고 고을의 이름도 여기에서 나온 것이다.

바로 『동국여지승람』의 기록인데, 그보다 앞선 『세종실록』「지리지」의 내용을 보완한 것이다. 그러나 1832년의 『영암읍지』는 다음과 같은 이야기를 말한다.

월출산에는 세 개의 움직이는 큰 바위가 살았다. 그 동석 때문에 영암에 큰 인물이 난다는 것을 시기한 중국사람들이 바위 세 개를 모두 산 아래로 밀어 떨어뜨렸다. 그러나 그 가운데 하나는 스스로 옛 자리를 찾아 다시 올라가 박혔다. 사람들은 그 신령스러운 바위를 기리게 되었고, 영암이라는 고을 이름도 거기서 붙게 되었다.

전설에 살이 붙어 소설처럼 되어 간다. 주인공 동석은, 악역으로 등장시킨 중국사람을 이겨내며 더욱 신령스러운 영웅으로 떠오른다. 그러한 신격화 현상은, 숭배의 대상을 찾지 못하면 불안정해지는 인간 본성과도 뿌리가 닿아 있다. 10년 전쯤인가. 그러한 염원이 현신하는 사건이 일어났다. 영암 주민들이 전설 속의 동석을 찾아낸 것이다[13].

바위는 『동국여지승람』이 말하는 구정봉의 바로 그 위치에 있었다. 거기에는 '動石'이라 음각된 명문이 뚜렷하다. 기실 그 음각 또한 선대 영암 주민의 소망을 실은 기복행위였으리라. 어쨌거나 전설에 의하면 영암이라는 고유명사는 동석에서 유래한 것이다.

그런데 사료(史料)는 영암이 통일신라시대의 지명이라 한다. 결국 동석의 전설은 적어도 통일신라시대 이전부터 구전된 것이어야 한다는 결론에 이른다. 그러나 전설의 진위를 따지는 것은 예수의 부활을 의심하는 것처럼 부질없는 일이다. 인간의 염원과 상상력은 늘 현실을 초월하기 때문이다.

사실 동석의 전설은 숭배의 대상을 추구하는 인간 속성의 한 예에 불과할지 모른다. 월출산에는 그 밖에도 이름이 붙어 있는 바위만 270여 개가 조사되어 있다. "월출산의 이해는 바위 문화의 이해로부터 출발한다"는 주장은 그러한 현상에 근거를 두고 있는 것이다.

월출산의 바위는 저마다 뜻이 있고 저마다 무언가를 닮았다. 각시, 신랑, 할미, 메느리(며느리), 춘향이, 중뱅이를 닮았고, 산신, 국사, 장군, 부처가 모두 바위로 변했다. 사람만이 아니다. 개, 소, 말, 돼지, 고양이, 용, 범, 여시(여우), 삵, 수달, 수리, 학, 황새에다 비암(뱀), 두께비(두꺼비), 자래(자라), 거북이들이 바위 동물원을 차렸다. 그뿐일까. 월출산 바위 민속박물관은 풀무, 상여, 가마, 농, 병풍, 소반, 널, 삿갓, 쪽도리(쪽두리), 떡시리(떡시루), 북, 간짓대, 칼, 가새(가위), 울, 책상, 통꼭지, 멍석, 짐돌, 오갈, 이불, 문, 문턱, 굴뚝, 봉창에다 남바위를 진열한다.

소리 나는 대로 통, 피싹바위에다 생긴 대로 누렁, 흰덕, 거무도리, 둘뜨리, 둥글, 널쩍바위는 예술의 전당이고 끈덕거려서 끈덕, 깐닥, 깔딱바위에다 매끈매끈한 기름바위, 얼음 어는 얼음바위는 자연사박물관

향로봉에서 본 동남지릉 이 지릉은 금릉경포대계곡의 담장을 이루며 멀리 월남저수지를 향해 달린다.

이다. 달맞이하던 월대바위, 베 짜던 베틀바위, 종이 만들던 지침바위, 배 고플 때 쌀난바위, 연애하던 사랑바위, 공부하던 수재바위, 도둑맞았던 도둑바위, 피난 갔던 피난바위, 벼락맞았던 베락바위, 어릴 적 뛰어 놀던 윷판, 안질, 택걸이바위들은 차라리 전설의 고향이다.[14]

바위숭배 사상은 애니미즘(Animism)이다. 애니미즘은 삼라만상 모든 대자연에 정령(精靈)이 있다고 믿는 생각이다. 많은 자연물 가운데 인간은 자주 돌을 주목하는 경향이 있었다. 돌을 연모로 수렵과 농경생활을 영위하면서, 그것의 견고함과 불변성에 감동한 때문이리라. 그런 이유로 바위는 주로 생산력이나 창조력에 관련되는 신화적 의미를 부여받게 되었다.

남근석 주릉의 등산로에 솟아 있는 이 선돌은 많고많은 월출산의 남성 성기형 바위 가운데 가장 크고 잘생긴 것이다.

구정봉 금수굴 공식 명칭은 베틀굴. 그러나 많은 사람들이 모양이 여성과 닮았다 해서 부르는 금수굴이라는 이름에 익숙하다.

　우리나라의 민속신앙에서 바위는 두 가지 형태로 신격화되고 있다. 하나는 마을의 수호신으로서의 서낭바위가 고갯마루나 산기슭 또는 마을 입구에서 서낭나무와 짝지어 섬겨지는 것이다. 보다 많은 경우는 이른바 기자암(祈子巖)으로서, 자식의 생산을 비는 대상이다. 기자암은 그 성격상 대체로 성기형(性器形)을 취한다. 남근형 암석은 남근바우, 선돌, 선바우라는 이름을, 여근형 암석은 공알바우, 씹바우, 벌린바우라는 이름을 얻는다.

　월출산 바위 제단의 알터, 서낭골의 공알바우, 큰골의 호랑이동굴 주변, 성기동의 알바우 등에서 수 없이 관찰되는 성혈은 자연적인 것도 있지만 마을 사람들이 인위적으로 파낸 것도 있다. 부암(附巖)이라 불리는 이것들은 유사 성행위로서, 바위의 표면을 둥근 돌로 문질러서 움푹 팬 부분과 돌을 밀착시키는 주술 행위에 의해 발생한 것이다. 돌이나 바위가 갖고 있다고 믿는 생산력을 유발시키려는 행위였다.

백성을 위해 부처가 되기도 하고 성기가 되기도 하는 월출산의 바위들. 이름깨나 있는 사람이 잠시 쉬었다 가기만 해도 실명을 부여받았던 월출산의 바위들은 그 자락에 기대어 살던 백성들에게 가장 친근하면서도 가장 권위 있는 신성이었다. 그래서 월출산의 바위는 자체로 영암, 강진 지역의 역사박물관에 부족함이 없다.

왕인과 도선

도선(道詵)은 통일신라 말기의 승려이다. 영암 출신에 속성은 김(金)이고, 827년에 나서 견훤이 후백제를 건국하기 두 해 전인 898년에 입적했다. 15세에 출가하여 혜철 대사에게서 배웠으며, 23세에 천도사에서 구족계(具足戒)를 받았다. 운봉산, 태백산 등 명산대천을 떠돌며 수양하다가 37세 때 광양의 백계산 옥룡사에 산문을 연 후 입적할 때까지 그곳에서 제자를 길렀다.

그의 음양지리설과 풍수상지법(風水相地法)은 고려와 조선을 통하여 영향이 컸던 학문이었으며, '훈요십조'가 부각되기 시작한 현종 때에 대선사(大禪師), 숙종 때 왕사(王師)로 추존되었고 인종에 이르러 국사(國師)의 시호를 받았다.

왕인은 백제시대의 학자이다. 『삼국유사』나 『삼국사기』 등 우리나라의 고서에는 그에 관한 기록이 없고 생몰 연대도 확실치 않으며 다만 일본의 『고지키(古事記)』에 '와니시키(和邇吉師)'라는 이름으로, 『니혼

왕인도일도(王仁渡日圖) 왕인 유적지 전시관에 걸려 있는 이 그림은 왕인이 상대포를
떠나던 장면을 상상하여 강연균 화백이 그린 것이다.

쇼키(日本書紀)』에 '와니(王仁)'라는 이름으로 행적이 전할 뿐이다.

일본의 기록에 따르면 그는 백제의 특정 시기에 일본 왕이 학자와 서적을 청하자 논어 10권과 천자문 1권을 가지고 바다를 건너갔다. 일본에서 오오진천황(應神天皇)의 태자에게 글을 가르쳐 한문학을 발생시켰고 유교를 포폄(褒貶)하였으며, 동행한 기술자들과 함께 종이와 토기 제작 기술을 가르쳐 아스카(飛鳥) 문화를 일으켰다.

이상은 월출산 구림 땅이 배출했다고 주장

도갑사 도선수미비 월출산 구림 땅이 배출했다고 하는 전설적인 두 위인 가운데 왕인에 비하면 도선은 그래도 자료가 풍부한 편이다. 1653년에 세워진 도선수미비도 그 가운데 하나로, 규모의 장대함과 솜씨의 정교함이 도갑사의 으뜸 보물로 보이나 전라남도 유형문화재로 지정되어 있을 뿐이다.

되는 전설적 두 위인에 관한 사전적(辭典的) 연보, 즉 객관적으로 인정되는 사실(史實)의 요약이다. 사료가 충분하지 않았던 시대의 인물들이라 이 정도의 기사를 정리하는 데에도 적지 않은 이견을 감수해야만 한다.

수수께끼의 인물 왕인에 비하면 도선은 그래도 자료가 풍부한 편이다. 그의 사후 252년 만에 쓰인 '옥룡사 도선비문'을 비롯한 10여 종의 기록이 남아 있어 출생지나 출생 시기 또는 행적이 비교적 명확하다. 다만 후대 사람들이 그의 행적을 신격화하는 과정에서 몇 가지 혼선이 초래되었을 뿐이다.

도선이 비보설(裨補說)이나 음양설을 주장했던 것은 사실로 보인다. 그러나 본질적으로 그는 풍수지리의 대가가 아니라, 당시 성행했던 화엄종의 현학적 한계에 회의를 느끼고 구도의 길에 천착했던 선승(禪僧)이었다. 그럼에도 불구하고 그의 저서로 전하는 『도선비기(道詵秘記)』가 참위서(讖緯書)의 원전으로 대유행을 하면서 신승(神僧)이나 술사(術師) 등으로 그려지곤 했다[15].

도선이 당나라에 건너가, 자신이 태어나기 100년 전에 이미 죽은 일행 선사로부터 풍수지리의 비법을 배웠다고 하는 따위가 날조의 예가 될 것이다. 혹자는 도선이라는 인물의 존재 자체에 의심을 품기도 한다. 고려 왕조가 왕권의 당위성을 확고히 하기 위해 풍수도참설을 건국 이념으로 삼은 후, 그 상징으로 도선이라는 인물을 창조했다는 것이다. 그것은, 방향은 약간 다르지만, 도선의 영향력이 강조되고 있는 태조의 '훈요십조' 자체가 후대 문벌귀족들의 정략적 목적에 의한 위서(僞書)일 가능성이 있다는 주장과도 통하는 바가 있다[16].

왕인에 들면 얘기는 더욱 혼란스럽다. 업적 정립의 근거가 되는 활동 시기, 즉 왕인의 도왜(渡倭) 시기만 해도 서기 285년(백제 고이왕 52)부터 405년(아신왕 14)까지 다양한 의견이 있다[17].

일본에 그를 향배하는 여러 신사(神社)나 사당, 묘소 등의 유적이 있다지만 그것이 우리의 역사는 아니다. 어떤 의미로 왕인에 대해 확실한 것은 "옛날 백제시대에 왕인이라는 사람이 있어, 일본에 학문을 전했다"는 한 줄의 기사뿐이다.

왕인과 도선에 대해 가장 혼선을 빚는 부분은 탄생에 관련된 설화이다. 그들의 탄생지라고 주장되는 구림마을에는 비슷한 내용의 여러 설화들이 전하는데 『신증동국여지승람』의 '최씨원(崔氏園)' 항목은 다음과 같이 적고 있다.[18]

> 신라사람 최씨가 있었는데 정원에 길이 한 자가 넘는 오이가 열렸다. 최씨 집 딸이 몰래 그것을 따먹었더니, 이상하게 임신이 되고 달이 차서 마침내 사내아이를 낳게 되었다. 그의 부모는 그 애가 사람관계 없이 태어난 것이 미워 대숲에 내다 버렸다.
> 두어 주일 후 딸이 가서 보니 비둘기와 수리가 와서 날개로 덮고 있었다. 돌아와 부모께 고하니 부모도 가서 보고 이상히 여겨 데려다 길렀다. 그 아이가 자라 머리를 깎고 중이 되었으니, 이름을 도선(道詵)이라 한다. 고을은 그로부터 구림(鳩林) 또는 비취(飛鷲)라 불렀다.

구전하는 설화는 "계곡에 빨래하러 갔다가 물에 떠내려 온 오이를 먹었다"고 구성하는 등의 차이를 보이나, 그것이 문제는 아니다.

전설대로라면 도선의 탄생지는 최씨원이라는 집이고, 구림이라는 지명은 도선의 탄생에 의해 불리기 시작한 것이다. 버려진 도선을 비둘기가 감싸 안고 있었다는 전설을 뒷받침하는 것으로 서구림리 덕성당 뒤뜰에 국사암(國師岩)이라는 바위가 있다.

그런데 왕인 연구자들은 구림이 그 전부터 성기동(聖基洞)으로도 불려 왔음을 주목한다. 불교적 지명에 '성(聖)'자가 붙는 법은 없으므로 그것이 일본 유학(儒學)의 원조인 왕인의 탄생에 관련된 지명이라는 것이다.[19]

그 성짓골(성기동) 성천(聖川)의 물섶 구유바위[槽岩]에서는 해마다

왕인 석상 왕인을 추종하는 후학들이 새긴 것이라고 전하는 이 석상은 조형 연대가 확실하지 않다. 어떤 사람들은 이것을 미륵불로 보기도 한다. (왼쪽)

책굴 왕인 석상 옆에는 사람 하나 겨우 드나들 만한 입구에 네댓 평 정도의 평평한 바닥을 가진 자연 동굴이 있다. 왕인 추종자들이 그 동굴에 "왕인이 책을 쌓아 두고 공부를 했다"는 전설을 만들어 두었다. (아래)

삼월 삼짇날 아낙네들이 물을 마시고 목욕을 하는 유속(遺俗)이 전한다. 그렇게 하면 왕인 박사와 같은 성인을 낳는다는 믿음에서이다.

연구자들은 그 밖에 성인의 태를 묻었다는 산태골, 왕인의 후손이 살았다는 왕부자터 등의 지명을 근거로 갖고 있으며 문산재, 책굴, 왕인석상, 상대포, 돌정고개 등에 얽힌 설화도 제시한다. 게다가 일본에 사는 왕인의 후손 가운데 '월출동산(月出東山)'이라는 이름을 가진 사람까지 찾아냈다.

그럼에도 불구하고 왕인이 구림에서 태어나 공부했다는 기록은 우리 역사서에 남아 있지 않다[20] 초창기, 왕인의 탄생지가 구림이라는 주장은 주로 일본인들에 의한 것이었다. 어떤 의미로 그것은 일본에서 정리해야 할, 일본의 역사이다. 그러나 해방 전의 일본은 대부분 그것을 정

왕인문화축제 영암군에는 원래 매년 4월 중순경 벚꽃과 함께 열리는 벚꽃축제가 있었는데, 1996년부터 그 이름이 왕인문화축제로 바뀌었다.

치적 목적으로 이용했다. 예를 들어 청일전쟁, 러일전쟁, 태평양전쟁 따위 조선 강점이나 내선일체(內鮮一體)의 당위성을 주창할 필요가 있을 때에만 일시적으로 왕인을 내세웠다.

우리나라에서의 왕인에 관한 본격적 연구는 1970년대 들어서면서 부터이다. 1976년 '왕인 박사 유적'이 지방기념물로 지정되었고, 마침내 1987년 3만 평짜리 왕인묘(王仁廟)가 준공되었다. 문산재의 복원, 상대포구 누각 건립 또한 왕인 현창(顯彰) 사업의 일환이었다. '성기동국민관광지'라 이름 붙인 그 왕인묘 경내에는 박사의 탄생지와 성천, 구유바위 등이 포함되어 있다. 문제는 박사의 탄생지라고 조성된 그 집터가 도선 전설이 말하는 '최씨원'과 겹친다는 사실이다. 집터에는 '고최씨원금조가장(古崔氏園今曹家庄)'이라 음각된 바위가 있다.

설화와 전설이 얽히다 보니, 급기야는 500년 사이를 두고 활동했던 두 위인이 한 집터를 두고 "내 집, 네 집"을 따지는 기연(奇緣)에 처한 것이다. 그 난해한 인연을 풀어 보고자 최근에는 이러한 애기가 떠돈다.

"왕인 박사가 탄생 성장한 고택지에 최씨가 거주했고, 그 최씨가의 처녀가 삼월 삼짇날 성천에 떠내려 온 오이를 먹고 도선을 잉태했다."

이제 와서 최씨원이 누구의 집이었나를 따지는 것은 무의미하다. 거기에 결정적 근거가 추가로 발굴될 가능성 또한 희박해 보인다. 어떤 학자는 그것을 구림 사람들이 시대의 변화에 따라 느끼는, 그들의 영웅에 대한 이해로 보자고 말한다. 이를 통해 월출산 지역의 문화 변천상을 추정할 수 있다는 것이다.[21]

사실 역사라는 것에—소위 정사라고 주장되는 것에서조차—완벽한 진실은 없다. 그런 전제 아래 지금까지의 논지를 반전시켜 본다면 해법이 나올 수도 있다. "그들이 실존 인물이라면 어디에선가 태어났어야 한다. 그 경우 그들이 구림 출생이 아니라고 주장할 근거는 무엇인가?"

장천리 선사 주거지 영암군 군서면 구림리 일대는 장천리 선사 주거지가 말하듯 최소한 삼한시대로부터 백성들의 삶터였다. 헤아릴 수 있는 역사만 2,200년이라는 것이 구림의 자연지리적 조건을 말한다.

가능성 있는 곳에서 태생지를 주장하는 것은 당연한 일이다.

구림

영암군 군서면 구림리 일대는 장천리 선사 주거지가 말하듯 최소한 삼한시대로부터 백성들의 삶터였다. 헤아릴 수 있는 역사만 2,200년이라는 것이 구림의 자연지리적 조건을 말한다. 지질학과 고기후학적 연구를 종합해 보면 구림마을이 터를 잡은 구릉지는 추정컨대 영산 지중해라 부를 수 있는 깊숙한 만(灣)의 한쪽에 튀어나온 곳[岬]이었다[22]

회사정 구림 대동계의 집회 장소였던 회사정은 옛 구림중학교 앞에 세워져 있다. 회사정은 마을을 찾은 귀빈의 영접이나 경축일 행사에 이용되었고, 3·1운동 때 맨 먼저 독립만세의 기치를 올렸던 곳이기도 해서 마을의 작은 역사책이 된다.

사립문을 나서면 바다가 출렁거렸을 구림마을은 신라의 명촌으로 사서에 기록되어 있다. 사람들은 "호남에서 살기 좋은 세 동네 중의 하나"라고 말한다. 월출산의 오랜 주인이요 영암 지방의 옛 중심지며 고대 중국과 일본을 왕래하는 무역항이었던 구림은 유서 깊은 이름값에 걸맞게 10개의 정자에 5개의 사우 그리고 7개의 우산각을 품고 있다.

구림의 주산(主山)은 주지봉이다. 주지봉에서 좌우로 내려서는 용마루로 둘러싸인 나지막한 구릉 위에 마을이 들어앉았다. 600여 호의 대촌이 외부에서 곧 알아볼 수 없게 자리잡은 그 천혜의 승지(勝地)를 풍수지리적으로는 쌍룡의 형국이라 한다.

외지인이 구림에 대해 물으면 맨 먼저 들먹여지는 게 왕인과 도선이요. 다음이 향약적 성격의 주민 자치 조직인 대동계(大同契)이다. 영암 지방에는 "혼사 때 구림 대동계원이면 내력을 묻지 마라"는 말이 있다. 대동계는 그만큼 전통사회에서 큰 영향력을 발휘했었고, 지금도 지역 사회에서 인정을 받고 있다.

대동계의 자랑은 세 가지로 요약된다. 첫째, 조직 결계(結契)의 자발성이다. 박규정, 임호 등이 주동이 되어 1565년 계를 창설할 당시의 취지가 "나라에서 향약을 시행하도록 강제하는 것보다 스스로 계를 만들어 상부상조하는 것이 좋겠다"는 것이었다.

둘째, 운영 방식의 선진성이다. 오늘날 민주국가에서나 보이는 무기명 다수결 투표 방식을 대동계는 이미 400년 전부터 시행했었다[23]. 한 운영 책임자의 말처럼 "세계에서 가장 먼저 민주적인 투표 절차를 실시한 조직"이라는 자부심이다.

셋째, 활동의 역사성이다. 대동계는 과거의 역사가 아니라 지금도 활동하고 있는 조직이며, 그 모든 것이 기록으로 남아 있다. 이제 급변하는 세태를 따라잡기 힘든 조직의 노쇠화나 보수성이 문젯거리이기는 하지만, 대동계는 여전히 살아 있는 구림의 정신임에 틀림없다.

회사정(會社亭)은 대동계의 창설과 때를 같이하여 지어진, 회원들의 집회 장소였다. 회사정은 그 밖에 마을을 찾은 귀빈의 영접이나 경축일 행사에 이용되었고, 3·1운동 때 맨 먼저 독립만세의 기치를 올렸던 곳이기도 해서 마을의 작은 역사책이 된다. 당시 남원 광한루나 진주 촉석루에 견주는 웅장한 규모였다지만 6·25전쟁 때 소실되었고, 지금의 건물은 1980년대에 복원한 것이다.

구림의 역사에서 뺄 수 없는 것이 학파(鶴坡)농장이다. 일제 말기, 당시 호남의 거부 현준호가 도탄에 빠진 민생을 긍휼한다는 기치 아래 마을 사람들을 학파방조제 공사에 동원했다. 농장 조성 후 20년 동안 5할의 소작료만 납부하면 간척지를 무상으로 분배해 주겠다는 조건이었다. 1944년 마침내 1.2킬로미터의 제방공사가 완료되어 그때까지 서호강(西湖江)이라 불리던 바다가 비옥한 농지로 변하는 벽해상전(碧海桑田)이 일어났으나 무상분배 약속은 그 뒤 50년 동안이나 지켜지지 않았다.[24] 기나긴 소작분쟁은 반세기를 넘긴 후에야 유상 분양이라는 형태로 타결되었고, 지금은 대대적인 경지정리 작업이 한창이다.

구림의 인물에 왕인과 도선만 있는 것은 아니다. 천문과 복서(卜筮)에 뛰어났던 별박사 최지몽, 도갑사를 중건한 수미왕사, 대동계 창설의 주역 박규정에다 학파농장의 현준호까지 출중한 위인들이 많았다. 그럼에도 불구하고 호기심 많은 사람들의 시선은 늘 두 사람에게 머문다.

구림의 '구(鳩)'는 도선 전설에 비춰 보면 비둘기이다. 그러나 본디 '모인다, 편안하다'의 뜻도 있다. 풍요로운 들판, 조수가 열어 주는 뱃길과 수산물, 아침 해가 천황봉에 솟고 저녁노을이 상은적산을 적시는 천혜의 승지 구림은 편안한 땅이다. 월출산에서 달돋이를 가장 잘 볼 수 있는 곳이 구림이라는 사실은 조금도 이상한 일이 아니다.

왕인 유적지를 따라서

구림 일대에 흩어져 있는 왕인 유적지를 모두 보려면 먼저 죽정마을을 향하는 게 순서다. 마을을 막 벗어난 다리께에 문산재의 들머리가 있기 때문이다. 왕인이 종이를 만들어 썼다는 지침바위를 구경하며 운치 있는 숲길을 10여 분 오르다 보면 시누대밭 속에 차분한 두 채의 건물이 나선다.

문산재(文山齋)는 왕인 박사가 공부했던 곳으로 전하는 터에 지은 서원이다. 조선시대에 그곳에 서당을 열었으나 사람이 너무 몰려 장소가 협소해지자 양사재(養士齋)를 추가로 지었다. 현재의 건물들은 유적지 정화 사업의 일환으로 1986년 다시 지은 것으로, 두 집 사이 샘터의 배치가 절묘하다.

문산재 왕인 박사가 공부했던 곳으로 전하는 터에 세워진 서원으로, 현존 건물은 1986년에 다시 지은 것이다. 문산재 뒤로 보이는 바위가 월출산 최고의 달맞이터인 월대암이고 그 아래 왕인 석상과 책굴이 있다.

조금 더 오르면 왕인 석상(石像)과 책굴(冊窟)이 있다. 박사를 추모하는 후학들이 새긴 것이라고 말해지는 석상은 그러나 전에는 미륵불로도 불렸던 것이다. 추종자들은 덧붙여, 석상의 방향이 박사가 출항했던 상대포를 향하고 있다는 사실도 강조하나, 그것이 문산재와 동일한 서향임을 감안하면 지형적 영향이라고 보는 것이 더 현실적이다. 네댓 평 정도의 자연 동굴인 책굴은 박사가 책을 쌓아 두고 공부했다는 전설을 간직하고 있다.

그 너머 옹두라지 바위가 월출산 최고의 달맞이터인 월대암이다. 옛날에는 수백 명의 구림 사람들이 추석날 저녁 월대암에 오르는 것을 차례(茶禮)처럼 여겼다고 한다. 그때만은 못하지만, 그 풍습은 여전히 유효하다.

이제 왕인묘에 들를 차례다. 산을 되짚어 내려온 후 차를 타고 접근하는 수도 있겠지만, 눈썰미 있는 사람이라면 아까 오름길 도중의 길섶에 화살표와 함께 '왕인박사유적지'라 적힌 샛길 안내판을 보아 두었을 것이다. 그 샛길이 옛날 박사가 집에서 문산재까지 걸어다녔다는 등교길이다. 목적 없이 어슬렁거리기에도 일품인 그 오솔길은 다섯 구비에 여덟 도랑을 건넌다. 그 가운데 하나가 박사의 태를 묻었다는 산태골이다.

길은 왕인묘 경내로 떨어진다. 그래서 박사의 행적을 착실하게 따라간 사람에게는 저절로 입장료 면제의 혜택이 주어진다. 성짓골에 조성된 왕인묘에는 새로 지은 학이문, 백제문, 전시관, 유허비 등이 있으되진짜 볼 거리는 아무래도 태생지와 성천과 구유바위다. 그것들이 도선의 탄생지 설화와 얽혀 있다는 사실은 말한 바 있다.

발길을 구림마을로 돌리자. 논두렁 너머로 마주보이는 구림중고등학교 담장을 따라 걸으면 야트막한 고개가 나선다. 왕인 박사가 일본으로향할 때 나고 자란 집을 못 잊어 몇 번이나 뒤돌아보았다는 고개, 지금은 잘 조성된 왕인묘가 한눈에 들어오는 소위 돌정고개이다.

박사는 그 고개를 넘어 상대포(上臺浦)에서 배를 탔다. 당시에는 바닷물이 넘실대는 부두였다지만, 지금은 해수의 유입이 끊겨 흙도랑으로 변했다. 학파방조제 공사 때문이었다.

영암군에서는 1997년 그곳에 작은 연못을 조성했고, 옛 선착장이었다는 큰 바위 맞은편에 누각을 세웠다. 굳이 왕인의 전설이 아니더라도, 옛 국제무역의 중심 포구로서의 영화를 간직하고 있는 상대포에 그만한 대접은 어울리는 것이다.

드넓은 학파들판이 한눈에 들어오는 상대포에서, 왕인은 이렇게 말했다. "나 이제 일본으로 떠나가며 내 옷을 여기 남겨 둡니다. 이 옷의

상대포 왕인이 일본으로 배를 타고 떠난 곳이라는 설화를 간직한 상대포는 구림의 옛
영화를 기억하고 있는 포구였다. 해수의 유입이 끊겨 흙도랑으로 변한 그곳에 영암군
에서는 연못을 조성하고 누각을 세웠다.

색이 바래지 않는 한 나도 일본에 건재하고 있는 것으로 믿어 주시오.”

   그 말을 남기고 일본에 건너간 왕인은 그들의 어두움과 무지를 깨우
치는 등불이 되었다. 그러나 뒤돌아보고 또 돌아보았던 월출산을 끝내
다시 보지 못한 채 오사카 근처 히라카타에 뼈를 묻었다. 그를 위해 영
암 사람들은 해마다 3월 삼짓날이면 추모제를 올리고, 4월의 벚꽃과
함께 왕인문화축제를 연다.

월출산의 명승

봉우리

천황봉

지리 좌표 동경 126도 42분 23초, 북위 34도 45분 48초에 솟은 단정한 피라미드 천황봉(天皇峰)은 해발 808.7미터의 월출산 최고봉이다. 그 이름 '천황'은 해신(海神) 사상이 성했던 남해안의 여러 산에서 관찰되는 것으로, '하늘'이란 뜻보다 '높다'는 뜻으로 읽힌다.

사람들이 천황봉을 주목하는 이유는 그것이 단순히 월출산 최고봉이라는 이유 때문만은 아니다. 수십 명이 들어앉아도 넉넉한 그 바위 고스락에서 접시, 사금파리, 향로에다 심지어는 토우까지 발견되었기 때문이다. 그것은 예로부터 사람들이 그곳에서 뭔가를 해왔다는 증거였다. 신라 사람들은 토제 향로와 토우편을 남겼고, 고려는 녹청자접시와 청자탁잔편을 버렸으며, 조선은 백자접시를 치우지 않았다. 모두 제사에 관련된 것들이다.

『삼국사기』와 『신증동국여지승람』이 말하는, 통일신라 때부터 임진왜란 전까지 국가에서 제사를 지냈다는 월출산의 소사터〔小祀址〕가 바로

천황봉 수십 명이 들어앉아도 넉넉한 월출산 꼭대기는 옛날 나라에서 제사를 지냈던 소사터이다. 한때 제각 건물도 있었을 것으로 추정되며 전국의 50여 제사터 가운데 유구가 확인된 유일한 곳이기도 하다.

천황봉이었던 것이다. 많은 기와편들이 출토되는 것으로 보아 그 자리에는 제각 건물도 있었을 것이다. 월출산 천황봉은, 기록에 남아 있는 전국의 제사터 50여 곳 가운데 유구가 확인된 유일한 곳이기도 하다.

그러한 천황봉을 여느 봉우리처럼 그냥 만날 수는 없다. 통천문(通天門)이라 이름하는 관문을 지나야 한다. 그것은 천황에 대한 예의이기도 하고, 하늘로 통하는 의식이기도 하다. 몸 하나가 간신히 들어가는 그 바위굴에서 세속의 먼지를 비벼낸 자에게만 천황은 비로소 북으로 광주 무등산, 남으로 제주 한라산까지 날씨가 허락하는 한 다 볼 수 있는 권리를 부여한다.

월출산이 국립공원이라는 작위를 부여 받은 후, 천황봉에 오르는 길은 천황사를 통하는 것과 금릉경포대계곡을 통하는 길로 거의 한정되어 버렸다.

그러나 예전에는 영암 쪽의 여러 골과 능이 모두 입산로였고, 칠치(七峙)계곡을 통해 오를 수도 있었다. 그 가운데 일몰의 경관이 천하일품인 산성대 능선길은 통천문 직전의 장군봉 지릉에 떨어지고, 은천계곡길은 통천문을 지난

통천문 천황봉 오름길에 통천문을 지나는 것은 천황에 대한 예의이기도 하고 하늘로 통하는 의식이기도 하다.

주릉에 합류한다.

1982년엔가, 통천문 조금 못 미친 너덜지대에서 옛 나무꾼들이 이용하던 식수 터를 발견한 적이 있었다. 등산객들의 편의를 위해 영암군에서 그곳에 수도시설을 해주었으나 지금은 폐쇄되었다. 그 내력은 저수조에 온갖 쓰레기를 내다 버렸던 등산객들에게 물을 일이다.

구정봉

월출산 제2봉은 주릉상에 위치한 해발 743미터의 향로봉이다. 그러나 향로봉은 아우뻘인 구정봉(九井峰)의 유명세에 가려 빛을 잃는다.

주릉에서 살짝 비켜 앉은 데다가 해발 738미터에 불과한 구정봉은 때로 천황봉을 위협하여 월출산 제1봉으로 오해받기도 한다.[25]

천황봉에 통천문이 있다지만 구정봉에도 통천문이 있다. 천황봉에서 국제를 지냈다지만 구정봉에서는 기우제를 지냈다. '구정(九井)'이란 명칭 자체가 의미하듯 정수리의 '아홉 개 바위 웅덩이'는 월출산의 상징이기도 하다. 『신증동국여지승람』 제35권 「영암군 산천조」 '월출산 구정봉' 항은 다음과 같이 적는다.[26]

꼭대기에 바위가 우뚝 솟았는데 높이가 두 길이나 되고 곁에 한 구멍이 있어 겨우 사람 하나가 드나들 만하다. 그 구멍을 따라 꼭대기에 올라가면 20여 명이 앉을 수 있는데, 그 평평한 곳에 오목하고 물이 담겨 있는 아홉 동이가 있어 구정봉이라 이름 붙었다. 가물어도 그 물은 마르지 않는다. 속설에 아홉 용이 그곳에 살았다고 한다.

구정봉은 3개의 암봉으로 구성되어 있다. 각각 제 몫이 있어 막내는 금수굴을, 가운데 바위는 동석을, 맏형은 아홉 개 바위 웅덩이를 품고 있다. 베틀굴이라고도 불리는 금수굴(金水窟)은 그 모양이 여성의 음부를 꼭 닮아 호사가들의 입방아에 올랐다. 굴 안의 웅덩이에 고인 물이 애액(愛液)이라느니, 주릉의 남근바위를 바라보고 있다느니 하는 것도 걸려들었다.

금수굴과 남근석이 서로 훤히 쳐다보이는 곳에 위치한 것은 사실이다. 그러나 다행히 각각의 성징을 알아볼 수 없는 방향을 취해 동방예의지국의 체면을 살리고 있다.[27]

최근 들어 구정봉의 화젯거리는 단연 월출산의 상징인 동석이다. 1986년 발견된 그 바위는 금수굴에서 구정봉 정상으로 올라가는 도중 오른쪽으로 빠지는 샛길 막장의 바위 하나를 넘은 곳에 숨어 있다.

구정봉 북쪽 지릉 천황봉의 그림자가 구정봉 북쪽 지릉에 피라미드를 새겼다. (위)

구정봉에서 뻗어내린 암릉 첩첩 쌓인 암릉 너머에 마애여래좌상이 숨어 있다. (왼쪽)

　승용차 크기만한 그 바위는 바람이 불면 혼자서 끄덕인다고 한다. 실제의 동석이 물리적으로 그럴 가능성은 별로 없어 보이지만, 주민들은 그다지 실망하는 눈치가 아니다. 사실 월출산이 '영암'으로 현신하기를 바라는 뜻에서 바위에 글씨를 새겼을, '그 간절했던 사람'의 심정도 다를 바 없었을 것이다.

　구정봉까지 왔다가 정수리의 '구정'을 못 보고 돌아가는 사람들이 의외로 많다. 사람들이 생각보다 게으르고, 또한 생각보다 산눈이 어둡기 때문이기는 하다. 그러나 변변한 안내판 하나 세워 두지 않은 공단측도 좋은 소리 듣기는 어렵다. 공단측에 물으면 "지질학적으로 중요한 아홉 웅덩이를 보호하기 위해" 일부러 그러고 있다고 말한다[28]. 그러나 그러한 설명은 매봉 등줄기에 수백 개의 구멍을 뚫었던 처사와 상충된다.

　'아홉 웅덩이'는 구정봉에서 가장 높은 곳에 있다. "더 높은 곳이 보이는 한, 내 서 있는 자리가 꼭대기는 아니다"라는 평범한 산행 수칙을 생각하면 어떻게든 찾아볼 수 있을 것이다. 그 과정에 몸 하나 겨우 드나드는 바위굴을 지나야 한다는 힌트가 도움이 될 것이다. 이왕 구정봉까지 왔다면, 인근에 국보 제144호인 마애여래좌상이 있음을 기억하자. 그것은 구정봉의 북쪽 능선에 숨어 있다.

사자봉

바람골의 맹주 사자봉(獅子峰)은 408미터라는 높이에 상관없이 월출산에서 가장 잘생긴 봉우리로 꼽힌다. 일대는 매봉, 깃대봉(旗峰), 사자봉 해서 세 개의 암봉이 연달아 있는데 정규 등산로인 구름다리 오름길 내내 사자봉은 매봉에 가려 좀처럼 그 모습을 드러내지 않는다.

사자봉을 제대로 보려면 옆에서 접근해야 한다. 바위의 전시장이라는 광암터가 그곳인데, 말갈기처럼 죽죽 뻗은 사자봉 등줄이 절로 탄성을 자아내게 한다. 그러나 광암터에서 보는 사자봉은 혼자 너무 잘났고, 지나치게 날카롭다. 세 바위성이 균형 잡힌 모양으로 관찰되는 곳은 다름 아닌 남측의 달구봉 능선이다. 시원한 바람과 함께 실려 오는, 사자봉 연봉의 장중함과 아름다움은 월출산이 왜 소금강산이라고 불렸는가를 말한다.

사자봉은 암벽등반을 통해서만 오를 수 있다. 매봉 또한 그러했는데 지금은 철계단이 설치되어 일반인들도 '등정'할 수 있게 되었다. 호남 최고의 암벽등반 대상지인 매봉(鷹峰)은 그 이름이 도선 설화 중 "수리가 날개로 도선을 덮고 있었다"는 대목에서 유래한 것이라고도 한다.

천황봉에서 본 사자봉, 달구봉 능선의 설경 월출산은 왼쪽의 사자봉 지릉을 아래로 떨구고 오른쪽으로 휘어 달구봉 주릉을 이룬다.

그러고도 많고많은 바위 봉우리

천황봉의 동쪽 주릉을 형성하는 '달구봉'은 산악인들이 부르는 이름
이고, 지형도에는 555미터 봉으로 표시되어 있다. 그 준수함이 사자봉
에 필적하며, 월출산에서 가장 '불꽃'처럼 생긴 바위이기도 하다. 멀리

신북면에서 보이는 월출산이 바람골의 여러 바위들을 동북 사면에 묻어 버리기 일쑤지만, 주릉상의 달구봉만은 원경일수록 그 실루엣이 뚜렷하다.

양자봉(養子峰)은 금릉경포대의 수문장이다. "임진왜란 때 인근 주민들이 처자를 데리고 바위에 올라가 난을 피했다"는 데서 이름이 유래했다고 한다. 혹은 의병을 양성하던 곳이라는 이야기도 전한다. 경포대 입구에서 볼 때 정면이 천황봉, 오른쪽이 양자봉이다. 양자봉은 그 각도에서 관찰되어야 할 달구봉을 정확하게 막아선 지릉상의 봉우리여서, 가끔 달구봉으로 오해받기도 한다.

남해안 곳곳에 분포하는 노적봉들은 "옛날 충무공께서 군량미를 쌓아 둔 것처럼 위장했다"는 설화를 따라 두리뭉실한 암봉인 경우가 많다. 그러나 월출산 노적봉은 뾰족하다. 마치 천황봉과 구정봉을 지키는 창검처럼 보인다. 구정봉 아래 용암사지 마애불이란 것이 마주보이는 노적봉을 탑파(塔婆) 삼아 조형된 것 아닌가 하는 생각이 들 정도이다.

도갑산, 주지봉, 노적봉이 형성하는 이등변삼각형 밑변의 중심에 도갑사가 있다. 도갑산은 그 꼭지점에 해당한다. 설화에 의하면 월출산의 세 동석 가운데 하나가 살았다는 곳이지만, 믿기 어렵다. 많고많은 월출산의 봉우리 가운데 도갑산만은 예외적으로 육산(肉山)이기 때문이다. 높낮이도 거의 없어 봉우리인 줄 모르고 지나치기 십상이다. 하지만 굽이치는 영산강 물줄기와 다도해가 내려다보이는 전망은 일품이다.

계곡과 폭포

큰골
큰골은 월출산의 체면이다. 대체로 짧고 수량이 풍부하지 못한 월출

천황봉 일대에 핀 운해 산과 구름의 조화는 그것이 바위산과 어우러질 때 더 큰 감동으로 다가온다.

산의 다른 계곡들과 달리 일정 수준의 계류를 유지하고 있기 때문이다. 노적봉 능선과 천황봉 서북 지릉을 양쪽 담장으로 하고, 천황봉에서 미왕재에 이르는 주릉의 북쪽 물을 온전히 받는 큰골은 길이가 4킬로미터에 달한다. 호랑이 동굴, 무지개폭포 등의 비경이 숨어 있지만 입산이 금지되어 있다. 영암 주민의 상수원으로 오랫동안 보호되어 왔기 때문에 계곡은 식생이 무성하다.

바람골과 바람폭포

짧긴 하지만 바람골은 가장 월출산다운 계곡이다. 계곡 좌우에 도열하고 있는 능선들이 월출산 바위성채의 전형을 보여 주기 때문이다. 연실봉, 매봉, 사자봉, 깃대봉으로 짜여진 왼쪽 성곽과 형제봉, 장군봉, 광암터로 엮인 오른쪽 능선은 가히 난형난제, 바위 불꽃의 경연장이다.

큰골 구정봉 일대 주릉의 물을 모두 모아 흐르는 큰골은 말 그대로 월출산에서 가장 크고 식생이 잘 보존되어 있는 골짜기이다.

바람폭포 15미터의 낙차가 대단한 것은 아니지만, 나라에서 가장 짱짱한 등산로를 거슬러 올라온 뒤끝이므로 등산객들의 오아시스 노릇을 톡톡히 한다.

계곡 또한 능선을 닮아 발에 걸리는 게 바윗돌이다. 체감할 수 있는 계곡의 끝은 바람폭포다. 15미터의 낙차가 대단한 것은 아니지만, 나라에서 가장 짱짱한 등산로를 거슬러 올라온 뒤끝이므로 등산객들의 오아시스 노릇을 톡톡히 한다.

서낭골과 막사당골

월곡리 호동마을과 주암마을 사이에 위치한 서낭골과, 용흥리 남춘동 마을 뒷골짜기인 막사당골은 그 이름으로 짐작되듯 토속 신앙의 경연장이다. 두어 개의 암석 제당과 마당바위, 공알바위가 무대인 서낭골에서는 주로 무당들의 신내림굿이나 기자굿이 펼쳐지며 막사당골의 오갈바위에서는 한 달에 두어 번씩 기자굿이나 재수굿이 열린다.

칠치폭포

칠치폭포는 월출산의 숨은 자존심이다. 최후의 비경을 찾아가는 순례길은 그러나 험악하기 그지없다. 관리공단이 칠치계곡 일대를 월출산의 허파로 간주하고 길을 아예 묵혀 두었기 때문이다. 그 뜻을 받들어, 유람 삼아 드나드는 것은 권하지 않는다. 굳이 찾아가겠다면 조심조심 보고만 올 것이며, 이왕 가려거든 장마철에 가서 제대로 된 폭포를 만날 일이다.

달구봉과 사자봉의 물을 모두 모아 떨구는 칠치폭포는 말 그대로 일곱 계단이다. 수십 미터의 높이로, 800미터짜리 산에서는 보기 드문 규모이다. 순례에는 기본적인 독도(讀圖) 실력이 필요한데, 출발점은 사자저수지이다. 저수지 둑에서 반듯이 가면 누릿재 오름길이고, 둑의 오른쪽 끝까지 따라간 후 숲길에 들면 칠치계곡이다. 이후 약 한 시간 동안 가시덤불과 싸워야 한다. 운행 지시점은 달구봉으로, 진행 방향에서 달구봉이 항상 왼쪽에 위치하도록 방향을 잡아야 한다.

칠치폭포　달구봉과 사자봉의 물을 모두 모아 하늘에서 땅까지 일곱 굽이치며 떨어지는 칠치폭포는 월출산의 숨은 비경이다.

폭포의 아래쪽에 서면 보이는 게 거의 없다. 왼쪽으로 올려다보이는 야트막한 바위 능선에 올라서야 폭포의 일곱 나신을 볼 수 있는 감상터가 되고, 그곳이 사진 촬영의 포인트이기도 하다. 달구봉과 사자봉, 뒤돌아보는 영암들이 모두 장쾌하다.

연실봉 능선에서 하산을 하며 찾는 방법도 있으며, 그 경우 운이 최고로 좋으면 꼭꼭 숨어 있는 마애불 하나를 만난다. 고려 후기의 것답게 솜씨가 조악하며, 인근에 칠치사터가 있었던 것으로 추정된다.

사찰과 사지

도갑사

도갑사(道岬寺)는 구림에서 차로 5분 거리이다. 구림 일대가 옛날에는 곶이었다니, 도갑이라는 명칭이 혹 거기서 유래한 것은 아닌지 모르겠다.

여느 산사와 달리 도갑사는 옆에서 접근하도록 산문(山門)이 배치되어 있다. 비록 짧지만 완만한 곡선을 취하는 도갑사 들목은 느티나무, 상수리나무의 소담스런 정취가 일품인 길이다. 군데군데 산죽과 동백이 거들기도 하는 그 진입로의 끝이 국보 제50호 해탈문(解脫門)이다.

도갑사 입구 들목은 짧지만 완만한 곡선을 취하며 소담스런 정취가 일품인 길이다. 호사스런 사람들은 그것을 도갑사의 으뜸 멋으로 친다.

도갑사 대웅보전 1977년 한 신도의 실화로 전소되는 바람에 불화 등 귀중한 보물을 모두 잃고 2년 뒤에 다시 지은 것이다.

최근 건립된 일주문 옆의 안내판은 도갑사가 "통일신라 말 도선 국사에 의해 창건되어 조선 초 수미 왕사에 의해 중창되었다"고 말한다. 그런데 채 100미터도 떨어지지 않은 해탈문 옆의 안내판은 "신라시대의 중 통고에 의해 창건되었다"고 적는다. 문화재관리국의 무성의가 잘 드러나는 현장이다. 우리나라의 여러 고찰이 신라시대의 명승(名僧)을 창건주로 내세우고 있는 것의 대부분은 신빙성이 없다. 그러나 그것을 따지는 것은 전문가의 몫이다. 일반 탐방객이 혼란을 일으키지 않도록 배려하는 안내문을 세우는 것이 최소한의 의무일 것이다[29]

현존하는 도갑사 유적의 대부분은 조선시대의 것이다. 그 대표였던 대웅전은 1977년 한 신도가 밤샘 기도중 촛불을 넘어뜨리는 바람에 전소되었다. 원형을 고증하여 1979년 복원하기는 했으나 불화 등 귀중한 보물들을 모두 잃었다.

도갑사 해탈문 금강역사상(왼쪽)

도갑사 해탈문 주심포 양식과 다포 양식을 섞어 지은 구조상의 특이함 때문에 국보가 된 조선시대 목조 건물이다. (아래 왼쪽)

도갑사 미륵전 신중탱화 미륵전의 불사로 인해 국사전에 옮겨져 있다. (아래 오른쪽)

　해탈문은 금강역사상을 안치하고 있다. 처음 세웠던 때는 알 수 없고, 현존 건물은 1473년(성종 4)에 중건된 것이다. 금강역사상을 배치한 산문을 보통 금강문이라 부르는 데 반해 도갑사에서는 해탈문이라 부른다[30]. 그러한 혼란은 석가모니불을 봉안한 당우를 미륵전이라 부르는 데서도 드러난다. 해탈문이 국보로 지정된 이유는 그것이 주심포(柱心包) 양식과 다포(多包) 양식을 혼용한 특이한 목조 건물이라는 점 때

문이다.[31]

경내에 들면 눈에 띄는 것이 길이 467센티미터에 달하는 거대한 석조(石槽)이다. 석조란 물을 담아 두거나 곡물을 씻는 데 쓰이는 일종의 돌그릇으로, 1682년(숙종 8)에 만들어진 도갑사 석조는 월출산의 보물답게 화강암으로 되어 있다.

도갑사를 크게 중건했던 묘각 화상(妙覺和尙) 수미의 활동과 내력을 기록한 수미왕사비는 국사전 앞에 있다. "1633년에 세운 전형적인 한국 석비로서, 17세기의 석비치고는 특이하게 고려 전기의 유행을 모방했다"는 설명이 있으나, 보통 사람의 눈에는 도선수미비에 비해 기품이 떨어진다는 느낌만 확연하다. 국사전에는 도선 국사와 수미 왕사의 영정이 봉안되어 있다.

절 뒤편 용수폭포에서 미륵전 일대는 대대적인 불사를 했다. 폭포 옆에 팔각정이 하나 섰고, 개울에 무지개다리가 누웠으며, 미륵전을 다시 지었다. 미륵전에 봉안된 석조여래좌상(보물 89호)은 항마촉지인(降魔觸地印)을 하고 있는 석가모니불로서[32], 하나의 돌에 광배와 불상을 함께 조각하는 마애불적 기법을 보여 준다. 고려시대 석불상치고는

도갑사 미륵전 석조여래좌상 따뜻한 정감의 고려시대 석불상으로, 사진은 1997년 겉집을 모두 뜯고 새 집을 얹기 이전의 옛 미륵전이다.

잘생긴 편에 속하며, 하반신의 긴장감이 떨어지는 게 흠이나 그것이 오히려 훈훈한 정감을 불러일으킨다.

도갑사의 마지막 구경거리는 도선수미비이다. 도갑사를 벗어나 월출산 등산로에 완연히 접어들었다고 생각되는 즈음에 부도전과 함께 홀연 나타나는 돌거북 한 마리는 우선 크기의 장대함이 눈길을 끈다. 높이 4.8미터에 폭 1.42미터. 그럼에도 불구하고 이 거북은 몸체, 여의주를 물고 고개를 왼쪽으로 틀고 있는 머리, 비석을 감싸는 이수의 용틀임, 어느 것 하나 조형성을 흐트러뜨리지 않는다. 그 거대함과 정교함에, 전라남도 유형문화재라는 설명이 따로 붙지 않았다면 "도갑사의 국보가 이것이다"라고 혼동할 만하다. 도선과 수미를 추모하기 위해 1653년 세운 것으로, 비석 표면에는 1,500글자가 음각되어 있다고 한다.

도갑사 주변에는 절 경계를 표시했던 것으로 추정되는 죽정 국장생(國長生)과 소전머리 황장생(皇長生)이 지방문화재로 지정되어 있다. 그러나 도갑사를 기억하는 사람들이 빼지 않고 들먹이는 것은 도갑사 입구에 있었던 인면형 장생 1쌍 2기이다. 인간의 비애와 허탈 그리고 웃음을 관조 속에 표현해낸 수작이었던 이것들이 1988년 장승 도적에 의해 어디론가 뽑혀갔다. 본래 기능이 절집을 지키는 수문장이었으니, 이 장승들 지금도 어디선가 도갑사를 걱정하고 있을 것이다.

무위사

'무위(無爲)'는 어디에도 있지 않고, 어디에나 있음이다. 불법의 도량이라기보다 시골 할머니집 같은, 여유로움과 한적함이 으뜸이었던 그 무위사가 절 마당을 시원하게 밀어 넓힌 불사 때문에 오히려 스산하다. 요사채를 지키는, 400년 묵은 팽나무 세 그루와 커피 자동판매기가 우두커니 부조화를 연출하고 있을 뿐이다.

무위사는 강진군 성전면 월하리 죽전마을에 있다. 옛 월남사와는 구릉 하나 사이의 이웃이요, 도갑사는 주릉 한 번 너머의 친구이다. 무위사에는 본디 속세간에 엄중한 경계를 짓기 위한 산문이 없었다. 그런데 1979년 문 하나가 섰다. 사천왕이 살고 있으므로 천왕문이라 불려야 마땅하나 무위사 중수공적비는 '해탈문'이라 적었다.

사적기에 의하면 무위사는 신라 진평왕 39년 원효 대사가 창건하여 관음사라 했고(617년), 헌강왕 원년 도선 국사가 중창하여 갈옥사라 했으며(875년), 고려 정종 원년 선각 대사가 3창하여 모옥사라 했고 (946년), 조선 명종 10년에 태감 선사가 4창하여 무위사라 칭했다 (1555년). 그러나 대부분의 기록은 믿을 것이 못 되고, 확실한 것은 선각 대사와의 관련성뿐이다.[33]

선각 대사 형미(逈微)는 864년에 났다. 속성이 최씨로 전하고, 가지산 보림사에서 배웠다. 왕건의 요청으로 8년 동안 무위사에 머무르면서 절을 크게 중창하였는바, 후백제 지역인 강진 땅에서 어떻게 친왕건 세력이 성장했는가는 사학자들의 관심거리이다. 어쨌거나 형미는 왕건을 따라 태봉국에 들어가 궁예에 맞서다 고려 건국 직전인 917년 왕건 대신 죽었다. 고려를 세운 왕건이 그 은혜를 기리기 위해 세운 것이 무위사 편광영탑(遍光靈塔, 보물 507호)의 귀부이다.

무위사를 보는 것은 극락보전(極樂寶殿, 국보 제13호)을 보는 것이다. 1430년(세종 12)에 지어진 이 건물의 아름다움은 단순함에 있다. "정면 3칸 측면 3칸의 주심포 맞배지붕집으로, 조선 초기 주심포 건축 중에서 가장 발달된 구조 형식에다 고려시대 맞배지붕의 엄숙함을 이어받았다"[34]는 현학적 해설은 가슴에 닿지 않는다. 배흘림기둥에다 용마루의 직선을 슬쩍 공글리는 따위 꼭 필요한 것 외에는 아무런 수식을 가하지 않은 이 건물이, 보는 이를 감동시키는 진짜 이유는 "선과 면의 절묘한 분할"에 있다. 그러나 그것까지 계산할 필요는 없다. 마음의 치

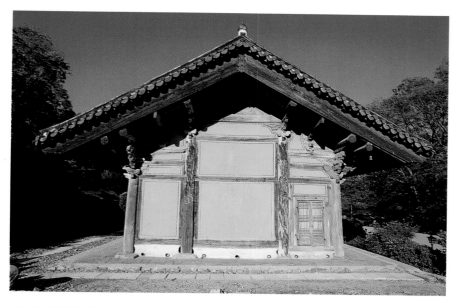

무위사 극락보전 옆면 정면 3칸 측면 3칸 맞배지붕집인 이 건물의 아름다움은 면과 선의 절묘한 분할로 이루어진 단순함에 있다.

무위사 극락보전의 수월관음도 중생을 번뇌의 바다에서 건져 정토로 건네 주는 뱃사공 노릇을 자임하는 관음보살이 보름달 같은 광배에 싸여 바다로 떠 가고 있다. (위)

무위사 편광영탑 귀부 부분 왕건이 고려 건국 과정에서 큰 은혜를 입었던 선각 대사 형미의 공을 기리기 위해 세운 것이다. (왼쪽)

무위사 아미타여래 삼존불과 후불 벽화 후불 벽화인 아미타삼존도는 현존하는 토벽의 붙박이 벽화로는 가장 오래된 것으로, 협시보살과 나한들이 본존불과 비슷한 높이에서 친근하게 어울리는 원형의 화합 구도가 조선조 불화의 특징을 보여 준다.

장을 벗고, 보고 또 보는 것으로 극락보전의 아름다움은 넉넉히 와 닿을 것이기 때문이다.

　극락보전의 주존불은 아미타여래이며, 관음보살과 지장보살이 좌우에서 협시하고 있다.[35] 그 목조 삼존불 뒤에는 무위사의 또 하나의 명물인 후불 벽화, 즉 아미타삼존도가 있다. 화기(畵記)에 따르면 1476년(성종 7)에 완성되었으니, 현존하는 토벽의 붙박이 벽화로는 가장 오래된 것이다. 조성 연대에 있어 극락보전과 46년의 차이가 나는 이유는

"흙벽이 완전히 말라야 물감을 제대로 먹고, 또 오래 보존되기 때문"이었다.

전문가들에 따르면 아미타삼존도는 "부드러운 붉은색과 녹색을 주조로 한 채색에 섬세하고 화려한 기법이 고려 불화의 전통을 닮은 데다 조선조 불화의 특징을 갖춘 첫번째 작품"으로[36] 자체로 국보급의 유물이다. 다만 건물과 벽화를 따로 국보로 지정하지 않는 관례에 따라 별도의 번호가 없을 뿐이다.

후불 벽화에는 다음과 같은 설화가 전한다.

극락보전이 완성되고 나서 한 노승이 찾아왔다. 법당의 법화를 그리겠다며, 49일 동안만 들여다보지 말라고 당부했다. 그러나 궁금증을 참지 못한 한 거사가 마지막 날 법당 안을 엿보고 말았다. 법당 안에서는 파랑새 한 마리가 입에 붓을 물고 관음보살의 눈동자를 막 찍으려던 참이었는데, 인기척을 느끼고 날아가버렸다. 그래서 지금도 아미타삼존도의 관음보살 눈에는 눈동자가 없다.

조선조 불화의 또 하나의 특징은 후불 벽화의 벽 뒷면에 관음보살도를 그려 넣었다는 점이다. 극락보전에는 현재 아미타삼존도와 수월관음도만 남아 있고, 나머지 벽화 30여 점은 벽지로 떼내 벽화보존각에 따로 보존중이다.

앞산과 뒷산을 모두 월출산 자락으로 하는 무위사는 월출산 특유의 돌불꽃이 수굿해진 육산 아래 자리잡았다. 다만 법당 정면의 월각산 암봉이 시리도록 뾰족하다. 마당의 팽나무는 그 날카로움을 비보(裨補)하기 위해 심었던 것이리라. 중앙계단이 없는 극락보전을 돌아나올 때, 그러한 비보의 이치는 확연히 다가온다.

무위사는 성종 연간에 수륙사(水陸社)로 지정되어 많은 수륙재를 지

냈다. 1555년 4차 중창 당시에는 본전 23동, 암자 35동, 도합 58동의
전각이 있어 그 웅장함과 화려함이 남도의 으뜸이었다. 사찰 통폐합의
서슬도, 임진란·병자란의 난리도 무사히 겪었다.

그러나 지금은 과거의 영화도, 대찰의 흔적도 찾기 어렵다. 남은 것
은 단아함과 소슬함뿐. 시골 아낙네처럼 맘씨 좋게 생긴 미륵전 석불을
닮아간다. 그래도 극락보전이 있는 한 무위사는 무위사다. 아무리 죄업
이 크더라도 나무아미타불을 열 번만 외거나 생각하면 극락왕생이 가
능해진다는 아미타정토 신앙. 그 이상향인 극락보전. 그것은 지친 중생
들에게 서방정토의 꿈을 보여 주고, 그들을 극락으로 실어가기 위해 사
바세계에 정착한 배 한 척이다.

월남사지

월남사는 월출산의 잃어버린 전설이다. 왕왕 전설은 부풀려지기 마
련이라 "현재의 월남저수지 근처가 월남사의 일주문 자리였다"는 얘기
가 떠돌았다. 몇십만 평의 절터였다는 말이다. 그러나 외곽 담장의 흔
적으로 추정한 실제적인 사지는 앞면 175미터에 옆면 185미터로, 만여
평쯤 되는 것이었다[37].

월남사는 천황봉 정남쪽의 평평한 땅에 자리잡았다. 흔히 평지가람
이라 얘기되지만 사실은 산중턱의 도량이다. 산중턱인데도 평지처럼
느껴지는 편안함. 그것이 월남사지의 됨됨이를 말한다. 그곳은 월출산
이 가장 편안하게 바라다보이는 자리이기도 하다.

월남사의 창건 연대는 구구하다. 수구, 옥개석, 기와편 등 대부분의
유물이 고려의 것이나 통일신라의 것도 보인다. 『신증동국여지승람』은
진각 국사 혜심(慧諶, 1178~1234년)이 창건했다고 간략하게 적었다.
혜심은 최우 무신정권의 비호를 받으며 수선사(송광사)를 크게 키운 인
물이다. 그는 월등사에서 입적했고, 다비도 거기서 행했으며, 부도는

광원사에 섰다.

그런데 어떤 이유에선지 혜심을 기리는 진각국사석비만은 월남사에 있다. 그것 때문에 혜심의 월남사 창건설이 나돌았지만, 그는 수선사의 말사 가운데 하나였던 월남사를 크게 중창한 인물일 따름이다.

석비의 비문은 당대의 문장 이규보가 찬한 것이다. 비문에는 최씨정권의 사람들이 줄줄이 음각되어 있어, 혜심과 무신정권과의 밀착성을 엿보게 한다. 깨진 비석을 등에 이고 있는 돌거북은 힘이 장사처럼 보인다. 그러나 거북의 진짜 구경거리는 생동감 있게 조형된 꼬리이다.

세월의 흔적조차 알아보기 어려운 빈터 월남사지를 두고 이처럼 장황한 머리글을 앞세우는 이유는 하나, 거기 월남사지 삼층석탑이 있기 때

월남사지 삼층석탑 월출산에서 가장 편안한 명당에 세워진 이 탑은 고려시대에 조형되었음에도 불구하고 백제 양식을 계승하여 관심을 끈다.

문이다. 탑은 고려시대에 세워졌음에도 불구하고 백제 정림사지 오층 석탑을 빼 닮았다. 늘씬하고 우아한 풍모를 갖춘 '백제의 탑'인 것이다. 고려시대 백제 땅 사람들의, 시간을 초월하는 그 진한 향수가 향토 사학자들의 관심을 불러일으켰다.

탑의 공식명칭은 '월남사지 모전석탑(模博石塔)'이다. 석탑이되 벽돌탑 양식을 따랐다는 이유로 붙여진 이름이다. 그러나 학자들은 "탑의 결구 방식이 벽돌식처럼 보이기는 하지만, 석재 자체는 전혀 벽돌을 닮은 것이 아니다"라고 주장한다. 보통 사람의 눈에도 월남사지 석탑은 모전석탑의 전형인 분황사 석탑과 모양부터 확연히 다르다. '월남사지 삼층석탑'이라 불려야 마땅할 것이다.

월출산에 가거든 월남사지에 들를 일이다. 그것도 4월에 갈 일이다. 휘적휘적 고샅을 어슬렁거리다 보면 사람 사는 이치가 보인다. 옛 법당의 기단석을 주워다 담장도 쌓고 댓돌로도 쓰는 사람들, 흙으로 돌아가면 꽃으로 피는 까닭이 읽힌다. 석탑 입구 돌담에 기댄 동백나무 두 그루도 그렇게 피었으리라. 가만히 귀를 열면 후드득, 동백꽃 떨어지는 소리가 들린다. 정말, 백제의 소리다.

천황사

천황사는 월출산에서 가장 붐비는 들목에 자리한다. 그러나 도량 자체는 볼품없다. 1906년에 창건되었다 하나 확실하지 않다. 법화종을 표방하는 당우 한 채, 몇십 년째 같은 얼굴로 손님을 맞는 스님 한 분이 절의 전부이다.

얼마 전 기와편에서 '사자사'라는 명문이 읽혔고, 그게 절의 원래 이름이었다는 주장이 있다. 보다 흥미를 끄는 것은 재작년 겨울 발굴된 목탑 터이다. 발견된 주심초석과 동판으로 보아 1탑 1법당 양식을 따른 고려 초의 팔각지붕 목탑이었을 것이라는 추정이 있다.

그 밖의 보물과 명승

더러는 발견되고 더러는 묻혀 있는 99암자

옛날 월출산에는 골과 능마다 불법의 도량이 있어 그 수가 99개에 달했다고 한다. 혹자는 그것을 과장된 전설로 친다. 그러나 월출산에 그 터가 확인되어 공식적으로 명명된 사지(寺址)만 20여 개이고, 연구자들이 개인적으로 확인한 암자 터까지 따지면 64개에 이르니 결코 과장이 아니다. 그 가운데 대표적인 것이 월남사지(보물 298호 삼층석탑), 용암사지(국보 114호 마애여래좌상), 성풍사지(보물 1,118호 오층석탑), 월암사지(도선국사 낙발지지), 청풍사지(영암읍 학송리) 등이다.

성풍사지 오층석탑은 영암읍에서 옛 도로를 타고 천황사 쪽으로 가는 중간쯤의 용흥리에 있다. 탑의 해체 복원 과정에서 1009년(목종 12)이라는 절대 연대가 명기된 탑지(塔誌)와 사리함이 발견되어 고려 초기의 석탑 연구에 귀중한 자료가 되고 있다. 원래는 2층 옥개석까지만 남아 있었고 기단부도 일부 유실되는 등 훼손이 심했으나 1986년 복원을 마치고, 1992년 보물로 지정되었다.

성풍사지 오층석탑은 왕건과의 유착으로 힘을 크게 키운 영암 세력이 국가의 지원 아래 건립한 것이다. 그 점에서 정권 주체로부터 소외된 강진 세력이 백제로의 향수를 실었던 월남사지 탑과 차이를 보인다.

용암사지 마애여래좌상

용암사지 마애여래좌상은 우리나라의 국보 가운데 가장 높은 곳에 위치해 있다. 또한 가장 찾기 어려운 곳에 숨어 있다. 해발 600미터, 구정봉에서 왕복 40분, 산 기슭이라면 왕복 서너 시간의 등산을 해야 볼 수 있는 보물찾기이다. 국보로 지정된 1972년 이래 15년 동안 번듯한 길 안내판 하나 없이 방치되어 왔으니, 그 동안 마애불을 찾아가 본

이는 손으로 꼽을 정도일 것이다.

향로봉 근처에 입간판이 하나 있기는 했다. 그러나 그림과 명칭뿐 어디로 가라는 말이 없어서 많은 사람들이 이발소 그림처럼 조악한 안내판 보는 것으로 국보 감상을 끝낸다. 그나마 다행인 것은 1997년에 이르러 금수굴과 구정봉 정상 부근에 작은 안내판이 섰다는 사실이다. 그럼으로써 길찾기가 훨씬 수월해졌다.

마애불 이정표는 구정봉이다. 구정봉 정상 바로 아래에 군부대가 주둔했던 콘크리트 흔적이 있는데, 거기서 북쪽, 즉 영암 쪽으로 난 능선길로 들면 된다. 들머리만 제대로 잡으면 다음은 쉽다. 도중의 갈림길에서 오른쪽의 능선길을 따르거나 왼쪽의 산허리 길을 따르거나 상관없으며, 15분쯤이면 마애불을 만날 수 있다.

국보로 지정될 당시의 공식 명칭은 '월출산 마애여래좌상'이었다. 그러나 1985년 마애불 아래 절터에서 '용암사'라는 명문이 새겨진 기와편이 발견된 후 '용암사지 마애여래좌상'으로 바꿔 부르자는 의견이 많다. 월출산에는 그것말고도 네댓 개의 마애여래좌상이 더 있기 때문이다.

마애불을 새긴, 긴 사다리꼴에 높이가 8.5미터인 화강암 암벽은 성냥갑을 세워 놓은 듯 독립된 바위다. 거기에 70센티미터 두께의 돋을새김으로 새겨진 마애여래좌상은 부처의 높이만 6미터에 달하는 거불이다. 크기로는 석굴암 본존불의 두 배쯤 된다.

마애불의 첫인상은 편안하다. 두툼한 입술에 또렷한 코, 둥그스름한 안면이 무척 친근하게 느껴진다. 전문가들은 "눈이 길게 째진 것, 얼굴 전체의 부은 듯한 표현" 등이 고려적인 요소라고 말한다. 그러나 "상하 신체의 비례에서 오는 안정감, 긴장감 도는 피부의 표현" 등은 통일신라시대의 잔영을 보여 주는 것이다. 결국 마애불의 조성 연대는 고려 초로 추정된다. 전체적으로 웅대하면서도 조화를 잃지 않은 이상적 조

용암사지 마애여래좌상 우리나라 국보 가운데 가장 높은 곳에 위치해 있고, 찾아가기도 가장 힘들다. 산기슭에서 왕복 서너 시간의 등산을 해야 만날 수 있다. (위)

용암사지 마애여래좌상 부분 열심히 보는 사람이라면 본존불 오른쪽 구석에 새겨진 90센티미터 길이의 동자입상을 발견할 수 있을 것이다. (위 오른쪽)

상(彫像)으로 평가되나, 항마촉지인의 오른손이 결정적으로 긴장감을 떨어뜨린다. 새기는 도중 한눈을 팔지 않았나 싶을 정도로 부자연스러운 것이다. 열심히 보는 사람이라면 본존불 오른쪽 구석에 새겨진 90센티미터 길이의 동자입상(童子立像)을 발견할 수 있을 것이다.

서북쪽 바다를 향하고 있는 마애불의 맞은편 산등성에는 자연 암석을 기단으로 하는 석탑이 하나 있다. 마애불 앞의 공간이 충분치 않아 계곡 건너에 탑을 세운 것이리라. 탑 쪽으로 건너가 바라보는 마애불은 또 다른 신비함으로 다가온다. 마애불 아랫길의 절터가 용암사지이고, 거기에는 샘과 용암사지 삼층석탑이 있다.

미왕재와 광암터

미왕재와 광암터는 야누스처럼 상반된 월출산의 두 얼굴이다. 융단을 깔아 놓은 듯 포근한 억새밭과 사람을 끓게 하는 바위의 기치 창검─그것은 음과 양의, 달과 태양의, 안식과 도전의 충돌이다. 얼핏 모순처럼 다가오는 두 절경을 하나의 몸에 조

용암사지 삼층석탑 마애여래좌상 아래 절터에 세워져 있다.

자연석 기단 삼층석탑 자연 암석 기단 위에 올려 놓은 이 삼층석탑은 멀리 마주보이는 용암사지 마애여래좌상을 본존불 삼아 조성된 탑파로 보인다. 다만 지형적 영향으로 계곡 하나 건너 산등성이에 조영되었다.

화시키는 신비로움이 월출산의 또 다른 놀라움이다.

월출산 최대의 바위 전시장인 광암터는 바람폭포에서 20분 거리의 장군봉 능선에 위치한다. 위로 천황봉이 올려다보이고 아래로 사자봉 등줄기가 서늘하다. 더하여 형제바위, 고바우바위, 왕관바위, 옥돌바위 등이 널려 있으되 굳이 이름을 욀 필요도 없다. 용의 이빨처럼 갈라지고 엉킨 바위들을 쓰윽 훑어보는 것만으로도 오름길의 노고를 충분히 보상 받을 수 있기 때문이다.

미왕재 억새밭은 주릉이 노적봉 지릉을 갈래치는 어름에 수천 평의 융단을 깔고 있다. 그 서쪽이 도갑사요, 남쪽은 무위사다. 나라에서 손

바람재에서 천황봉 사이 주릉의 설경

꼽히는 억새밭 중의 하나이나 사람들은 그냥 갈대밭이라 부른다. 그래서 11월에 열리는 축제 이름도 '월출산 갈대제'다. 옛날의 억새들은 키를 넘었으나 지금은 무릎에 못 미친다. 공단의 복원 계획을 기대하는 이유이다.

불티재와 불티재터널

영암에서 강진으로 넘어가는 13번 국도의 고갯마루가 불티재이다. 월출산을 일으키는 뿌리인 불티재는 영암 이북의 모든 교통량이 강진, 장흥, 해남, 진도, 완도로 가기 위해 반드시 거쳐야 하는 서남해안의 관문이다.

옛날 사람들은 그 서쪽의 누릿재〔黃峙〕를 넘어다녔다. 영암읍에서 사자저수지 거쳐 누릿재를 넘은 다음 월남저수지를 통해 작천이나 성전에 들었다. 월남원(月南院)은 그 흔적의 하나가 된다. 누릿재는, 불티재보다 조금 높기는 하지만, 실제로 걸어 보면 한 끼 식사 시간만큼 빠른 지름길이다.

1994년 7월, 늘어나는 교통량을 감당하지 못해 총사업비 500억이 투입되는 '영암-강진 4차선 확장 및 불티재터널 공사'가 시작되었다. 터널은 상행선 420미터, 하행선 350미터를 각각 따로 뚫을 예정이다. 입안 당시 누릿재터널을 뚫는 계획도 안건으로 상정되었기 때문에, 누릿재는 하마터면 옛 영화를 되찾을 뻔했다. 지정학적으로는 그게 더 타당할지도 모르되 그것이 다시 불티재로 되돌아온 사연에는 보이지 않는 힘이 작용했다는 소문도 있다.

불티재를 풀티재[草嶺]라고 쓰는 경우도 있으나 구전일 뿐, 문헌상의 근거는 없다. 불무질을 풀무질로 발음하는 현상 때문인 것으로 보인다. 17세기의 『강진군지』나 「대동여지도」의 전신인 「동여도」에 뚜렷하게 명시되어 있는 '불티재[火嶺]'가 정명이다.

월출산의 끝은 밤재이다. 성전에서 독천 가는 2번 국도상의 낮은 고개로, 거기서부터 벌매산이 시작한다. 밤재[栗嶺]는 낮지만 지정학적 중요성 때문에 「동여도」에 표시되어 있다.

월출산 등반

국립공원과 인공 구조물과 자연보호

금릉경포대계곡 들머리에 친절한 안내판이 하나 있다. 관리공단에서 각력사면을 설명하기 위해 세운 것으로, "이 돌들은 왜 이곳에 있을까요"라는 제목이 신선하다. 헌법 조항처럼 난해했던 기존의 문화재 안내판에 비하면 가히 발상의 전환이라 할 만한 것이다.

월출산은 1988년 6월 11일 나라의 스무 번째 국립공원이 되었다. 9월 6일 국립공원관리공단 월출산관리사무소가 문을 열었고, 첫해 30만 명의 탐방객이 월출산을 찾았다. 도립공원 당시의 5만 명 수준에 비하면 크게 는 것이나, 이후의 증가세는 완만하다.

1996년의 경우 33만 6,552명이었다. 산의 규모나 인지도로 보아 월출산을 설악산의 290만에 비교할 일은 아니다. 그러나 속리산도 180만이라는 데에는 고개가 갸웃해진다. 아마도 산의 값 때문이 아니라, 나라의 서남해안 구석에 자리잡았다는 지정학적 여건 탓일 것이다.

4월, 5월, 10월, 11월의 넉 달 동안 전체 입장객의 절반 이상이 든다. 매표소별로는 천황사 50퍼센트, 도갑사 35퍼센트이며 경포대는 15

퍼센트이다. 현재 14명의 직원이 상주하며 월출산을 돌보고 있으나, 입장료 수입은 인건비에도 빠듯하다. 그렇다 해서 월출산이 설악산처럼 붐비기를 바라서는 안 될 것이다. 토양의 발달이 극히 미약한 월출산이 살아날 재간이 없기 때문이다.

우리나라의 자연 어디나 안고 있는 문제는 개발이냐, 보존이냐의 갈등이다. 현재 월출산에 설치된 인공 시설물은 구름다리와 철계단 등산로 정도이다.

길이 52미터에 폭 60센티미터인 구름다리는 1978년 영암군 산악회의 주관으로 세워진 뒤, 1991년 관리공단이 난간과 로프를 모두 바꾸는 정비를 마쳤다. 시루봉 위 무명봉과 매봉을 연결한 것으로, 요즈음은 그 무명봉에 '구름다리봉'이라는 이름이 붙여졌다. 그러나 초창기의 구름다리는 건너 보는 재미뿐, 등산로가 연결되지 않았기 때문에 사람들은 되돌아와 바람골로 내려가야 했으며 매봉은 여전히 전문등산가 아니면 엄두도 내지 못할 장벽으로 남아 있었다.

그리하여 고안된 것이 인공 등산로. 즉 철계단이다. 1989년 12월 많은 우려와 기대 속에 매봉의 바위 능선을 감아오르는 철계단 등산로가 완성됨으로써, 매봉도 백운대나 울산암 혹은 요세미테의 하프돔처럼 '걸어서' 오를 수 있게 되었다. 이렇게 해서 '구름다리―매봉―동쪽 주릉―천황봉'이라는 새로운 등산로가 개발되었다.

그에 대한 평가는 상반된 것이다. 이용자들은 대체로 좋은 점수를 준다. 구름다리길이 월출산에서 가장 붐비는 등산로라는 것이 그 증거이다. 그러나 철계단은 천혜의 바위성에 수많은 구멍을 뚫음으로써 자연을 파괴했을 뿐 아니라, 경관을 크게 해쳤다. 더구나 철계단길에 들면, 월출산에서 가장 아름다운 바위성채 중의 하나인 매봉의 자태가 사라진다. 등산의 상쾌함은 더 이상 없고, 끝없이 이어지는 계단의 지루한 행진만 기다리는 것이다.

　　오늘의 월출산에서는 영암군에서 추진중인 케이블카 사업이 새로운 논란거리로 떠올랐다. 천황사주차장에서 사자봉을 잇는 그 케이블카에 대해 관리공단측은—내놓고 말은 못하지만—썩 반기는 편이 아니다. 현재 설치추진위원회가 구성되어 있고, 70퍼센트 찬성이라는 여론조사 결과까지 얻어냈지만 편파적 조사였다는 산악 단체의 강력한 반발에 부딪혀 시간벌기로 눈치만 보는 상황이다.

구름다리 월출산의 명물이 된 구름다리는 월출산에 인공적인 등산로를 여는 신호탄이 되었다.

모든 일이 그러하듯 케이블카 사업에도 양면성이 있다. 그러나 연간 탐방객이 126만이라는 내장산에서도 벌이가 시원치 않은 케이블카가, 월출산에서 적자를 면할 대책이 있는지 의심스럽다.

그것이 사람들을 얼마나 끌어모을 수 있을지 예측하기 어렵지만, 행여 그렇게 된다면 월출산은 돌이킬 수 없는 손상을 입을 것이다. 월출산 자락 금정면 안로리에 있는 천석바우에는 다음과 같은 전설이 있다.

천석굴의 바위에 구멍이 하나 있었다. 그 구멍에서 날마다 몇 사람 하루 먹을 쌀이 나왔다. 하루는 욕심 많은 동네 사람 하나가 쌀이 더 많이 나오도록 구멍을 크게 팠다. 그랬더니 쌀은 더 이상 나오지 않고 물만 나왔다.

월출산 산악구조대

높지는 않으나 만만치 않은 산세 때문에 월출산에서는 크고 작은 조난 사고가 자주 발생한다. 그러한 사고의 현장마다 어김없이 나타나 구원의 손길을 내미는 월출산 지킴이가 '광주·전남 산악연맹 구조대 월출산 지구대'이다. 그것이 공식 명칭이나, 응급 상황에 어울리지 않게 지루하므로 흔히 '월출산 구조대'라 부른다.

1985년 광주·전남 산악연맹의 지원 아래 영암군 산악회가 주축이 되어 창설되었으며 최영수 씨가 초대 대장을 지냈다. 1년에 50회 정도 출동한다. 그러나 그게 모두 등반사고 때문만은 아니다. 정기적으로 산 청소에 나서며, 동네 '119구조대'의 역할까지 감당하므로 그렇다. 줄타기, 바위타기의 명수라는 소문이 자자하여, 예를 들어 아파트 문이 잠겨 들어갈 수 없게 되는 경우에도 주민들은 월출산 구조대부터 부른다.

구조대가 말하는, 월출산에서 위험한 세 군데는 통천문 부근, 칠치계곡 그리고 큰골이다. 기억하는 한 최고의 악몽은 체중 100킬로그램이 넘는 남자를 대원 혼자서 업어 내린 일이다. 어떠한 상황에도 대처하기 위해 한라산 동계 훈련, 전국 구조대 합동 훈련 등 단련을 게을리 하지 않는다. 1993년부터는 아마추어 무선장비를 도입하여 구조 요청에 빠르게 응할 수 있게 되었다.

대략 15명 안팎의 대원 모두는 자원봉사자이다. 나름대로 지켜야 할 가정과 직장이 있는, 제 살기에도 바쁜 보통 사람들이다. 그러한 그들이 아무런 대가도 바라지 않고 월출산을 위해 헌신하는 이유는 하나, '월출산에 대한 지극한 사랑' 때문이다.

암벽등반

월출산의 또 하나 터줏대감은 전문산악인들이다. 월출산은 암벽등반의 천국이요, 광주·전남 산악인들의 모암이다. 히말라야나 알프스에서 빛나는 등반을 해낸 이 지방 산악인들의 대부분이 월출산을 도장으로 하여 기술을 연마해 왔다.

바윗길은 바람골 좌우 암벽에 집중되어 있다. 가장 빈번하게 이용되는 것이 시루봉이다. 천황사에서 5분쯤 오르면 오른쪽에 보이기 시작하는 암봉이 그것으로, 훈련에 적합한 경사와 난이도를 갖췄다.

다음이 매봉으로, 단일 암봉으로는 우리나라에서 가장 크고 어려운 곳 가운데 하나이다. 매봉은 시루봉에서 기량을 연마한 바위꾼들이 자신의 능력을 시험해 보는 경연장이 된다. 그러나 매봉 머리에 철계단이 완공된 후로는 쑥스러워서, 또 낙석 등 실제적인 위험 때문에 등반을 꺼리는 지경이 되었다.

바람골 오른쪽 능선의 형제봉도 과거에는 꽤 붐볐으나 공단측이 진입로를 폐쇄한 이후 발길이 거의 끊겼다. 주릉상의 달구봉도 비슷한 처지이다. 장군봉 능선 너머에 있는 숨은벽계곡의 암장도 한때 각광을 받았으나 지금은 덜하다.

전체적으로 바위에서 옛날처럼 진지한 열기를 보기는 어렵다. 인공 암벽을 통한 고난도 기술을 추구하는 추세가 자연 암장 이용 횟수를 줄이는 원인의 하나이다. 세태 탓인지, 힘든 암벽등반을 기피하는 경향도 보인다. 상대적으로 여성 클라이머의 비율이 높아지고 있다는 것도 눈에 띈다. 과거에는 전혀 없었던 암벽사고가 최근 몇 년 사이에 가끔 발생했다는 것도 교훈으로 삼아야 할 대목이다. 그 대부분이 안전수칙을 무시해서 일어난 소위 '안전사고'였기 때문이다.

등산로

국립공원 월출산의 '정규' 등산로는 주릉 종주와 금릉경포대길 두 가지로 요약될 만큼 단순하다. 그러나 관심만 가진다면 여타의 환상적인 등반로를 다양하게 즐길 수 있다. 단 초보자의 경우, 비정규 코스에서 뜻밖의 난관에 부딪칠 수가 있으므로 경험자가 동행할 것을 권한다.

월출산 등산로의 다양성을 결정적으로 제한하고 있는 것은 큰골계곡

월출산 개념도

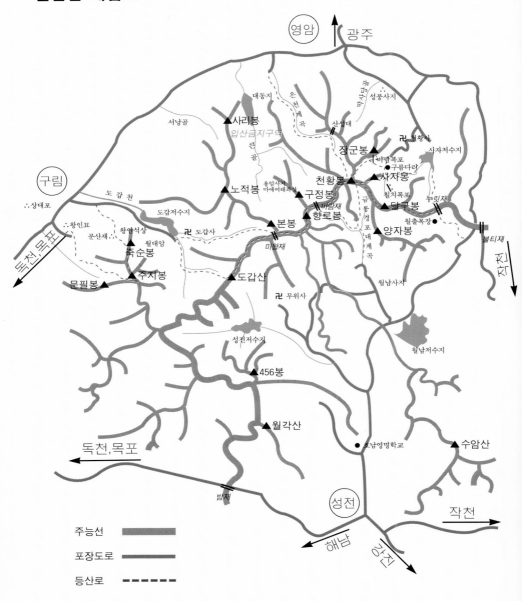

영암

↑ 광주

대동지

서낭골

사리봉 ▲

입산금지구역

큰골

성풍사지

은천계곡

산성대

노적봉 ▲

용암사지
마애여래좌상

천황봉 ●

구정봉 ▲
미담재

향로봉 ▲

장군봉 ▲

바람폭포
구름다리

사자봉 ▲

칠치폭포

달구봉 ▲

철황사 권

사자저수지

뉘릿재

불티재

구림

상대포

도 갑 천

도갑저수지

왕인묘

문산재

왕연석상

월대암

죽순봉 ▲

본봉 ▲

미황재

양자봉 ▲

월출목장 ●

독천,목포

문필봉 ▲

주지봉 ▲

도갑사 권

도갑산 ▲

무위사 권

월남사지

월남저수지

금 릉 경 포 대

내 제 곡

성전저수지

456봉 ▲

월각산 ▲

호남영명학교 ●

수암산 ▲

독천,목포

밤재

성전

작천

해남

강진

주능선 ▬▬▬

포장도로 ▬▬▬

등산로 ▬ ▬ ▬ ▬

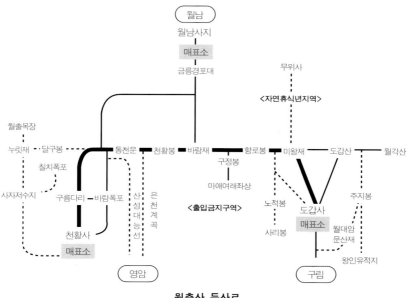

월출산 등산로

이다. 상수원 보호 구역으로 묶여, 천황봉에서 미왕재에 이르는 주릉의
북쪽 루트가 거의 막혀 있다.

　사실 큰골은 오랜 기간 동안의 통제로 숲이 우거져 있기 때문에 월출
산 조난사고의 상당수가 이곳으로 길을 잘못 든 사람들에게서 발생한
다. 통제에 따라 주는 것이 좋을 것이다.

　전체적으로 월출산은 험한 골산이므로, 정규 코스라 해도 운동화보
다 등산화를 갖추는 것이 안전하고 편하다. 겨울철에는 특히 매봉 계단
길에서의 미끄럼에 주의해야 한다. 바닷가의 산이므로 안개와 바람도
만만치 않은 복병이다. 지도와 나침반 그리고 여름이라도 방풍복을 준
비하는 것은 필수적이다.

　월출산을 800미터급 산이라고 쉽게 보아서는 안 된다. 표고차와 경
사로만 따지면 나라의 어느 산과 견주어도 물러날 생각이 없는 '악산
(惡山)'이다. 월출산에 들 때 가장 중요한 것은 마음의 준비이다.

월출산 주릉

천황사에서
도갑사까지의 종주

월출산국립공원에서 입장료를 받는 들머리는 천황사, 도갑사, 금릉경포대 세 곳이다. 그 가운데 천황사에서 도갑사에 이르는 9.5킬로미터의 종주 코스가 등산로의 대종을 이룬다. 천황사를 들머리로 잡으면 처음이 힘들고, 도갑사에 들면 나중이 어렵다. 어쨌거나 점심시간 포함해서 여섯 시간 정도 걸음품을 팔면 월출산의 많은 부분을 엿볼 수 있으니 처음 찾는 분들에게 달리 권할 곳이 없다.

천황사 매표소에서 입장료를 지불하고 나면 바위의 천국에 초청장을 받은 셈이다. 쉬엄쉬엄 10분이면 천황사에 닿는데, 도중 월출산 구조대 사무소로 쓰이는 통나무집 근처에 고산 윤선도 시비, 영암아리랑 노래비, 바우제 제단 등의 볼거리가 있다.

천황사를 들머리로 하는 등산로는 두 갈래로 나뉜다. 구름다리와 철계단을 지나는 능선길이 하나, 바람폭포와 광암터를 볼 수 있는 계곡길이 다른 하나이다. 갈림길은 천황사 입구인 해발 240미터 지점이다. 거기서 왼쪽으로 들면 대한민국 정규 등산로 가운데 최고의 급경사라는 '깔크막'이 기다리고, 오른쪽 다리를 건너면 환상의 바위 잔칫길인 바람골계곡이다. 두 길은 천황봉 직전의 통천문에서 만난다.

　구름다리 능선길　갈림길에서 구름다리까지는 40분쯤 걸린다. 도중 오른쪽에 보이는 암벽이 시루봉, 왼쪽은 연실봉이며, 정면에 막아서는 깎아지른 벼랑이 매봉이다. 지상 120미터의 허공에 출렁이는 구름다리는 시루봉 위의 무명봉과 매봉을 연결하고 있다. 천황사 안내판은 "구름다리가 매봉과 사자봉 사이에 걸려 있다"고 그려 놓았는데, 잘못된 것이다. 사자봉은 일반인들이 발을 디딜 수 없는 암봉이다.
　구름다리 입구에 바람폭포로 내려가는 길이 있으므로, 마음을 바꾸어 계곡길을 선택할 수 있다. 사실 구름다리를 구경했다면 그게 낫다. 구름다리 너머로 이어지는 철계단 길은 매봉을 '등정했다'는 성취감뿐, 볼 거리는 별로 없기 때문이다.
　매봉 오름길 철계단의 수는 365개이다. 그것으로써 바위꾼들 아니면 발도 딛지 못했던 매봉 꼭대기까지 오를 수 있게 되었다. 단, 절대로 장난을 해서는 안 된다. 구조물 밖으로 벗어나면 수백 길 낭떠러지이다. 사실 공단측은 기왕에 인공 구조물을 설치하기로 했다면 안전에 좀더 신경을 썼어야 했다. 겨울철에 특히 위험하고, 술을 드신 분들은 더욱 그러하다.
　매봉을 넘어서면 정면에 달구봉이 보인다. 이윽고 등산로는 달구봉 주릉에 합류하고, 이어 금릉경포대길을 받으며, 마지막으로 바람폭포길과 만난 후 통천문에 이른다. 천황사에서 천황봉까지는 대략 두 시간쯤 걸린다.
　바람폭포계곡길　천황사 갈림길에서 다리를 건너 몇 걸음 떼기 전에 작은 폭포가 하나 나선다. 거기서 오른쪽으로 빠지는 샛길이 장군봉 능선길로 그 경관이 뛰어나나 자연 휴식년제에 묶여 있다.

온통 바위덩어리만 굴러다니는 바람골은 전형적인 암괴류이다. 15분쯤 오르면 구름다리에서의 하산길과 합류하고, 조금 더 가면 바람폭포를 만난다. 사자봉 암릉 아래 집채만한 바위가 금방이라도 떨어질 듯 위태하게 걸려 있는 모양을 구경하며 잠시 쉬자. 물을 마셔야 하고, 또 물통을 채워야 하기 때문이다.

이제부터 환상적인 경관이 펼쳐진다. 수시로 뒤돌아보는 일을 게을리 하지 말 것이며, 눈과 귀를 열어 두어야 한다. 폭포 바로 위에는 1986년에 영암군 산악회가 지은 네댓 평짜리 무인대피소가 있다. 20분쯤 오르면 '해발 520미터 바람재'라는 푯말이 나오는데, 잘못된 지명이다. 진짜 바람재는 천황봉과 구정봉 사이, 금릉경포대계곡이 주릉과 만나는 지점을 일컫는다.

기억해야 할 일은, 그곳이 월출산 최고의 바위 전시장인 광암터의 들목이라는 사실이다. 등산로는 왼쪽으로 향하게 되어 있으나, 광암터에 들르려면 오른쪽으로 가야 한다. 5분 거리이니 가 볼 만하다. 이름이 붙은 바위가 여럿 있으나 그냥 바람골의 노랫소리 듣고, 진짜 바람을 맞고, 눈이 시리도록 휘황한 바위성들을 구경하는 것으로 충분하다.

광암터에서 길을 되짚어 정규 등산로에 들면 얼마 후 구름다리길과 만난다. 이어 통천문이 반기고, 그 다음은 천황봉이다.

천황봉을 넘어서면 악천후가 닥치지 않는 한 주릉길은 훤하다. 바람재까지는 30분인데, 진행하는 동안 보물찾기 하는 기분으로 불상바위, 돼지바위, 남근석을 찾아보는 것도 재미있다. 천황봉 출발 직후의 오른쪽, 20분 후의 왼쪽, 30분 후의 등반로상에 각각 위치한다. 바람재에서 왼쪽은 금릉경포대길이다. 오른쪽은 큰골로 드는 길이므로 내려가서는 안 된다.

구정봉에서의 볼 거리인 금수굴, 동석, 아홉 웅덩이는 이미 설명했다. 국보인 마애여래좌상을 잊지 말도록 하자. 구경하는 시간까지 포함해 한 시간을 더 써야 하므로 시각을 따져볼 필요가 있다.

구정봉에서 미왕재까지의 40분은 지금까지의 감동이 너무 컸던 까닭에 평범하기조차 하다. 그러나 미왕재 억새밭은 그 무료함을 씻어주고 남는다. 지금은 기계독 걸린 머리칼처럼 흉해졌지만 옛날에는 눈물나도록 아름다운 곳이었다. 미왕재 머리에서 오른쪽으로 드는 능선길은 노적봉을 향한다. 체력이 남아 있다면 도전해 볼 만한 곳이다.

미왕재에서 도갑사까지는 1시간짜리 내리막길이다. 도갑사에 이르렀다는 신호인 도선수미비에 이르면 걸음을 늦추어 해탈문까지, 천년 고찰의 향내를 호흡할 준비가 필요하다.

금릉경포대계곡길

금릉경포대 매표소에서 바람재까지 한 시간 남짓이니 월출산에서 가장 순하고, 가장 짧은 시간에 주릉에 닿을 수 있는 코스이다. 그럼에도 불구하고 이 길은 등산로로서보다 바쁜 등산객들의 하산길로 많이 이용되어 왔다. 바람재에 오른 후 왼쪽길을 택하면 천황봉이 아쉽고, 오른쪽으로 꺾으면 구정봉이 손짓하기 때문에 그럴 바에는 오름길 중간의 갈림길에서부터 오른쪽으로 들어 천황봉에 바로 오르는 게 나을 것이다.

금릉경포대계곡에는 동백나무가 지천으로 널려 있다. 그래서 계곡의 4월은 눈물처럼 떨어지는 동백꽃이 찾는 이의 발걸음을 멈추게 한다. 그것이 월출산의 내놓을 만한 명물임에도 불구하고 뜻밖에 잘 알려져 있지 않다.

하나 더, 입산중이든 하산중이든 금릉경포대에 들었다면 월남사지 삼층석탑만은 꼭 보고 가자. 매표소 직전의 대숲마을 안에 있으므로 여

금릉경포대계곡의 겨울 지천으로 널린 동백
나무 가지에 동백꽃 대신 눈꽃이 피었다
(위). 금릉경포대계곡의 4월은 눈물처럼 떨
어지는 동백꽃이 찾는 이의 발길을 멈추게
한다. 그것은 월출산에서 내놓을 만한 명물
인데, 뜻밖에 잘 알려져 있지 않다. (오른쪽)

분의 시간을 따질 필요는 없겠지만, 제대로 된 표지판 하나 없으므로
물어 물어 찾아가야 할 일이다.

달구봉 능선길

'누릿재―달구봉―천황봉' 능선길은 월출산의 진짜 주릉을 종주하는
것이다. 오른쪽으로 사자봉 삼형제가 시종일관 눈에 시리게 들어온다.

사람들이 많이 다니지 않으므로 가끔 길이 희미하기도 하나 대원 중에 길눈 밝은 이가 있다면 어려운 문제는 아니다. 달구봉을 만나면 길이 좌우로 갈리는데 어느 쪽도 가능하다. 처음 보기보다는 오른쪽 길이 쉽다.

누릿재에 접근하는 방법은 두 가지이다. 사자저수지에서 오르는 길과 월출목장에서 오르는 길이 그것으로, 영암에서 성전 넘어 다니던 옛 길이기도 하다. 월출목장에서 누릿재는 불과 5분 거리이다. 또 한 가지 불티재에서부터 능선 종주를 해서 누릿재로 접근하는 방법이 있으나 시간이 많이 걸리고 길의 흔적이 거의 없다.

주지봉 산군

구림의 주산 주지봉 정상은 월출산을 가장 아름답게 볼 수 있는 곳이며, 뒤돌아보는 서해의 일몰 또한 장관이다. 들머리는 왕인묘인데, 유적지의 담장이 등산로를 막아 버려 담을 넘거나 논두렁을 횡단해 도입부를 찾아야 한다. 길은 뚜렷하나, 약간의 방향 감각을 필요로 한다. 주지봉까지는 두 시간 정도 걸리며, 되돌아오는 것보다 북릉의 월대암, 문산재 쪽으로 하산하는 것이 보람 있다. 말하자면 왕인 유적지 환상(環狀) 순례 코스이다. 영암군은 주지봉의 등산로를 개방하고, 개발할 필요가 있다.

그 밖의 등산코스

영암읍에서 곧장 능선에 붙어 산성대로 오르는 능선길이나 회문리에서 은천계곡을 거슬러 오르는 계곡길은 천황봉에 이르는 옛 등산로이다. 길을 알거나, 독도법의 경험이 있는 사람이 동행하는 것이 좋다.

'무위사—미왕재—도갑사' 횡단길은 옛날에는 꽤 붐볐다. 그러나 '무위사—미왕재' 구간이 1999년까지 자연 휴식년제에 묶여, 월출산의 양

월대암에서 본 월출산 도갑저수지의 왼쪽 위로 뾰족하게 머리 세운 것이 노적봉이고, 멀리 가장 높은 봉우리가 구정봉이다.

대 고찰을 등산과 함께 감상할 기회는 당분간 없다.

5만 분의 1 지형도나 월출산 안내도에 표시된 월각산은 진짜 월각산이 아니다. '바위뿔' 월각산은 호남영명학교 쪽으로 진입해서 마주보이는 암봉이다. 아는 사람들이 가끔 찾아오는 정도이다.

칠치폭포를 구경하기 위한 칠치계곡 등반은 특별한 목적 아니라면 권하지 않는다. 그것은 관리공단의 희망사항이기도 하다.

미왕재에서 도갑사로 하산하지 않고 도갑산, 월각산을 거쳐 밤재로 내려오는 '완전 종주 코스' 또한 길이 잘 나 있다. 단 하루에 주파하기에는 무리가 따른다.

향로봉에서 본 일출 아침 햇살에 잠을 깬 월출산 바위 성채들이 불꽃처럼 불끈불끈 일어선다.

월출산 가는 길

월출산을 찾아가려면 일단 영암읍까지 가야 한다. 서울에서 영암으로 가는 길은 대개 세 가지 방법이 있다. 비행기나 기차를 타고 광주까지 가서 다시 버스편으로 영암까지 가거나 서울에서 고속버스를 타고 광주까지 가서 영암으로 가는 길이 있다. 또 하나의 방법은 서울에서 막바로 영암까지 가는 것이다. 일단 영암읍에 도착하면 버스편으로 천황사 입구나 도갑사 입구까지 가서 산행을 시작하면 되나 버스가 자주 오지 않으므로 택시를 타는 것이 편하다.

월출산 감상법

　월출산의 미덕은 일관성에 있다. 산의 긴장감은 그 일관성에서 기인한다. 월출산은 시각적으로 평야에 솟은 홑산이다. 그런 까닭에 온몸을 드러내 손님을 맞는다. 설악산이나 지리산처럼 방향에 따라 보였다 안 보였다 하는 얄궂은 산이 아니다.

　월출산은 바위산이다. 그래서 계절에 따른 변화가 적다. 바위는 옷이 없기에, 언제나 그 모양이고 늘 그 색이다. 드문드문 흰머리를 드러내는 한겨울에조차 바위산의 전체적인 자태는 바뀌지 않는다. 눈이 달라붙기 어려운 수직의 암벽 때문이다.

　월출산은 크지 않다. 면적이라야 울릉도 정도이고, 산을 에두른 도로라야 전장이 45킬로미터에 불과하다. 그러기에 천황사, 월남사지, 무위사, 왕인 유적지, 도갑사, 구림마을을 모두 들락거려도 하루 해가 길다. 승용차를 이용해 보고, 사진 찍고, 돌아서는 방식일 때 그렇다. 그렇다면 강진 쪽으로 귀향하는 이는 다산 초당과 백련사를, 광주 쪽으로 돌아서는 이는 반남 고분군을 일정에 끼워 넣는 게 바람직하다.

　월출산은 단순하다. 에워싸는 고개라야 불티재, 밤재에 수암산 지릉의 교차점 정도가 고작이다. 그러기에 월출산은 등반을 해야 한다. 천

황사에서 도갑사에 이르는 종주 코스를 택한다면 산의 노른자위를 대부분 맛볼 수 있다. 사자봉, 광암터, 천황봉, 구정봉, 미왕재에 도갑사가 기본적으로 포함되고, 부지런한 이는 용암사지 마애불까지 덤으로 얻을 수 있다. 아쉬운 건 칠치폭포뿐이다. 하산 후의 계획은 시간이 허락하는 대로 다양하게 구성할 수 있다.

월출산이 가장 아름답게 보이는 곳은 어디인가. 객관적으로 보는 월출산은 크게 북쪽과 서쪽이 평야에 노출되어 있고, 동쪽과 남쪽은 주

장군봉 능선을 휘감은 운무 운무가 흐느적거리는 날이라면 불꽃이 중국 화남 땅의 꾸이린으로 변할 것이다.

변산에 싸여 있다. 당연히 북쪽과 서쪽에서는 산이 잘 보이고, 동쪽과 남쪽에서는 잘 보이지 않는다. 동남쪽은 월남리라는 천혜의 산중 평지를 두었기에 조망 가능한 방향이 된다.

동북쪽의 개신리 들판은 바람골 일대의 바위 성채가 거꾸로 쏟아질 듯 보는 사람을 압도하는 곳이다. 다시 말해 "월출산이 가장 월출산답게 보이는 곳"이다. 월출산이 불꽃이라 말하는 사람은 개신리에서 산을 본 것이다. 불꽃은 조금 물러서서 보는 신북면에서 더욱 불꽃다워진다. 운무가 흐느적거리는 날이라면 불꽃이 중국 화남 땅의 꾸이린(桂林)으로 변할 것이다.

북쪽의 영암읍은 산기슭과 너무 가깝다. 그래서 전체적인 균형 감각이 떨어진다. 영암공원의 융성정이라는 정자가 비교적 넉넉한 조망을 제공했었는데, 산기슭에 세워진 고층 아파트가 시야를 가리면서 그나마 즐거움을 빼앗아 가버렸다.

서쪽의 학파들판은 "월출산이 가장 외롭게 보이는 곳"이다. 북쪽과 달리, 서쪽에서 조망되는 월출산 바위들은 자잘하다. 그래서 흙의 색을 압도하지 못한다. 광활한 평야에 을씨년스러운 색조로 떠 있는 외로운 섬, 학파들판의 월출산이다.

동남쪽은 시야만 트인다면 가장 이상적인 조망 방향이다. 부챗살처럼 수렴하는 월출산 능선의 구심점이기 때문이다. 그 가운데 월남리는 "월출산이 가장 편안하게 보이는 곳"이다. 육산인 몸체와 능선의 바위

사자봉 달구봉산군의 여명 수굿한 남도의 능선이 불꽃처럼 일어서는 월출산은, 구름 다리에서 소리 한 번 지르고 천황봉에서 사진 한 장 찍은 뒤 논하기에는 너무 벅차다.

들이 적당한 균형을 갖추었다. 바위들이 덜 공격적이어서 보는 이를 안심시킨다. 월출산이 천불(千佛)이라고 말하는 사람은 월남리에서 산을 본 것이다.

월남리 바깥으로 나아가면 방해물이 많아진다. 예를 들어 수암산에 올라본들 천황봉 머리꼭지를 간신히 볼 수 있는 정도이다. 그런데 불티재에서 작천으로 빠지는 829번 지방도로 도중의 평지가 다시 뜻밖의 전망을 제공한다. 월출산 암릉의 모든 것을 보여 주는 그곳을 어떤 이는 "월출산이 가장 황홀하게 보이는 곳"이라고 말한다.

남쪽에서는 월출산을 거의 볼 수 없다. 지릉이 시야를 가리기 때문이다. 그런 까닭에 남쪽에서는 산에 올라야 산이 보인다. 월각산이 그곳인데 생각보다 시원찮다. 그렇다면 다시, "월출산이 가장 아름답게 보이는 곳"은 어디인가. 주지봉 정수리다.

주지봉에서의 월출산은 놀라움으로 다가온다. 몸집 전체가 남김없이 육산으로 드러나고 공제선만 바위 불꽃을 둘렀다. 거기에 도갑사계곡을 바탕선으로 깔아 안정된 원근 구도를 구성한다. 근경, 원경, 전경, 배경을 모두 갖췄다. 뒤돌아보면 노을에 반짝이는 서해와 영산강이 눈부시다. 먹을 듬뿍 머금어 금방이라도 휘호를 갈길 듯한 문필봉의 붓끝 형상을 구경하는 것도 즐거움이다.

수긋한 남도의 능선이 불꽃처럼 일어서는 월출산은, 구름다리에서 소리 한 번 지르고 천황봉에서 사진 한 장 찍은 후 논하기에는 너무 벅찬 산이다. 언제 보아도, 어디서 보아도, 누가 보아도 황홀한 바위 잔치가 보는 이로 하여금 제가끔의 생각을 갖게 하기 때문이다. 그러기에 어쩌면, 길섶의 얼레지꽃이 눈에 띄거든 그냥, 그 자리에 퍼질러 앉아, 아무런 생각 없이 산을 바라보는 것이 가장 월출산다운 감상법일지 모른다.

주(註)

1) 수암산 기슭인 강진군 작천면도 일부 포함되나, 지형 감각상 무시해도 좋을 정도이다.

2) 『산경표』는 우리나라 주요 산들의 이름과 줄기와 흐름을 족보책처럼 체계적으로 기술한 지리서로 1769년 신경준이 썼다고 하나, 저자와 간행 연도에 대해서는 이견이 있다(조석필, 『태백산맥은 없다』, 사람과 산, 1997).

3) 집선대(해발 900미터)에서 코재(1,260미터)까지의 경사도가 23도, 화엄사에서 코재에 이르는 정규 등산로 전체의 경사도는 9도이다.

4) 불티재와 밤재는 주릉의 양끝이므로, 100미터 등고선을 따를 수 없는 지역이다. 그 경우 가장 가까운 지점에서 물길을 따라 고갯마루에 올라서는 방식으로 구획했다. 같은 방식으로 측정한, 해발 60미터 등고선 기준 월출산의 면적은 86.88제곱킬로미터(영암군 44.13제곱킬로미터, 강진군 42.75제곱킬로미터)이다.

5) 월출산국립공원의 면적은 주지봉의 남사면, 월각산의 남사면, 수암산 등을 제외한 것이다.

6) 최고봉을 포함하지 않더라도 끊기지 않는 능선이 주릉이다. 덕유산의 경우 최고봉인 향적봉은 주릉인 백두대간 능선에서 조금 비켜나 있다.

7) 최영선, 『자연사기행』, 한겨레신문사, 1995.

8) 한국자연보호협회, 『월출산 일대 종합 학술조사 보고서』, 1989.

9) 관속(管束)이란 뿌리에서 흡수한 수분이나 양분의 이동 통로가 되는 조직, 즉 관다발을 일컫는다. 이끼류를 제외한 거의 모든 고등식물이 관다발을 갖춘 관속식물에 속한다.

10) 그 밖에 조사된 이름으로는 『동국여지승람』의 화개산(華蓋山),

소금강산(小金剛山), 조계산(曹溪山), 『영암지도갑사사적』의 금저산(金猪山), 천불산(千佛山), 지제산(支提山), 『만년사지』의 보월산(寶月山) 등이다. 낭산(朗山), 월산(月山) 등은 시구에서 조사되었다(최영수, 『신령의 산 월출산』, 영암군 산악회, 1989).

11)『한국문화상징사전』, 동아출판사, 1992. 222쪽 '돌' 항목 해설.

12)용범이란 동검, 동과, 동착(銅鑿), 동조침(銅釣針), 동도끼〔銅斧〕, 구리거울〔銅鏡〕 등 청동기 일괄 유물을 제작하는 거푸집을 말한다. 학산면 독천리 출토라고도 한다(광주민학회, 『월출산』, 전라남도, 1988).

13)1986년 월출산 산악구조대의 전판성 씨가 처음 제보하여, 영암군청 박정웅 문화재전문위원의 고증을 거쳤다.

14)박기성, 「월출산」, 『사람과 산』, 1994년 3월호.

15)『도선비기』의 원본은 현재 전하지 않고 『고려사』에 그에 관한 언급이 있을 뿐이다. 참위서란 천변지이(天變地異)와 음양오행을 바탕으로 불안한 사회현상에 대하여 길흉화복을 예언하는 비결(秘訣) 혹은 미래기를 말한다.

16)고려 태조의 유훈을 담은 '훈요십조'는 『고려사』에 수록되어 있다. 그 가운데 2, 4, 5조가 도선에 관한 것인데, 고려 초기의 것이라기보다 '훈요십조'가 재발견되어 실제로 영향력을 행사하기 시작한 현종 때의 상황이 가미된 것이다. 그것은 도선이 뒤늦게 대선사와 국사로 추존되는 과정과도 일치한다.

17)서기 285년은 일본 『고지키(古事記)』의 기록이다. 그러나 대부분의 왕인 연구자들은 이를 부정하고 『니혼쇼키(日本書紀)』의 기록 및 오오진왕조(應神王朝)와의 관련성에 근거하여 405년(아신왕 14)을 주장한다. 그러나 백과사전 등의 정사(正史)는 『속 일본기(續日本紀)』의 기록인 근구수왕(375~384년)을 말하고, 어떤 이는 근초고왕(346~375

년) 때라고도 한다.

18) 탄생설화에 관한 최초의 기록은 『세종실록』 「지리지」의 것으로, 도선이 '고려 때의 사람' 이라고 이야기를 시작한다. 『신증동국여지승람』은 그것을 '신라 때의 사람' 으로 고치는 등 몇 가지 내용을 첨삭하였다.

19) 성기동이라는 땅 이름이 옛 도갑리 성터라는 뜻의 성재골〔城峙〕에서 기원한 것으로 보는 견해도 있다.

20) 우리 역사에서 왕인에 대한 첫 기록은 조선 정조 때의 『해동역사(海東繹史)』이고, 구림 출생설이 처음 제기된 것은 1920년대의 『조선환여승람(朝鮮寰與勝覽)』이다.

21) 유교적 이념이 팽배했던 조선시대에는 도선보다 왕인이 추앙되었을 가능성이 높으며 불과 150여 년 전만 하더라도 낭주 최씨들이 도선 전설을 자기 집안일로 말하기 꺼려했다 한다. 왕인 석상이나 문산재와 같은 유적이 되살아난 데에는 그런 배경이 있다(이해준, 『다시 쓰는 전라도 역사』, 금호문화, 1995).

22) 김정호, 『구림』, 향토문화진흥원, 1992.

23) 보통의 마을일은 과반수 찬성, 중대사는 3분의 2 찬성으로 의결하는 다수결 원칙을 지켰다. 바둑돌을 사용하여 투표했으며 흰돌은 찬성, 검은돌은 반대를 나타냈다.

24) 소유주 현영원은 '미등록 토지나 미완성 농지는 토지 분배 대상에서 제외한다' 는 당시 농지개혁법 조항을 이용, 다리 하나의 완공을 계속 미루는 방법으로 토지 분배를 거부했다. 학파는 현준호의 부친인 현기봉의 호이다.

25) 그러한 오해는 『동국여지승람』의 기록이나 「대동여지도」의 표기를 잘못 읽은 데서 비롯한 듯하다. 그러나 실제 지형 감각상, 아무리 옛날이었다 해도 제1봉을 혼동했을 만한 이유는 없다.

26) 구정봉의 아홉 웅덩이에는 그 밖에 도선 국사가 당나라에 보복할 때 디딜방아를 찧었던 자국이라는 설화와, 아홉 선녀가 내려와 목욕을 하는데 초동이 옷 한 벌을 감춰 결혼에 성공했다는 전설도 담겨 있다.

27) 남근석은 남북 방향에서만 그 모양을 파악할 수 있는데, 금수굴에서 관찰되는 각도는 동향이다. 금수굴 또한 동남향을 취하고 있기 때문에 남근석에서는 그 입구가 보이지 않는다.

28) 구정봉에 주둔하던 군부대가 통신 안테나를 세우기 위해 두어 개의 웅덩이를 메워 버린 일이 있었다. 그들은 1996년 5월에 철수했는데, 주둔지의 콘크리트 초석을 치우지 않고 몸만 빠져나갔다. 현재 월출산에 주둔하고 있는 군인은 없다.

29) '통고'가 도선의 호일 가능성이 있어 확인하고자 했으나 『한국사대사전』에도 수록되지 않은 이름이었다.

30) 우리나라의 전형적인 가람 배치는 3개의 산문으로 구성된다. 제1문은 일주문, 제2문은 금강문 혹은 천왕문, 제3문은 불이문 즉 해탈문이다. 금강문은 금강역사상을, 천왕문은 사천왕상을 안치한다(김현준, 『사찰, 그 속에 깃든 의미』, 교보문고, 1991).

31) 주심포 양식은 하나의 기둥 위에 하나의 공포(栱包)만 설치한 구조, 다포 양식은 두 기둥 사이에 여러 개의 공포를 설치한 구조를 말한다. 공포란 기둥과 대들보 사이의 구조물로써, 처마를 받치는 역학적 기능 외에 의장적 기능도 한다(장경희 등, 『한국 미술문화의 이해』, 예경, 1994).

32) 불상의 손 모양[手印] 중 하나인 항마촉지인은 왼손 손바닥이 위를 향하고, 오른손은 무릎 아래로 늘어뜨린 모양이다. 항마촉지인은 통일신라시대 불상의 전형이고 석가모니불에만 나타나며, 좌상에서만 관찰된다. 다시 말해 입상(立像)이나 의상(倚像)에는 없다.

33) 원효 대사는 무위사를 창건했다는 해에 태어났다. 도선이 동이산

문의 승려인 데 반해 무위사는 가지산문의 사찰이다. 삼창했다는 선각
대사는 그 30년 전에 이미 입적했다.

34)맞배지붕은 '직사각형을 단순히 한 번 접은 형태'의 지붕으로 기
교나 수식이 없는 단순 간결한 아름다움이 특징이다.

35)대웅전은 석가모니불을, 극락전은 아미타불을, 대적광전은 비로
자나불을 모시는 금당(金堂)이다. 아미타여래의 협시보살로는 관음보
살과 대세지보살이 보통이나, 지장보살이 협시하는 것은 아미타여래에
게 무량수(無量壽)의 역할을 기대하는 경우이다.

36)조선조 불화는 협시보살이 본존의 어깨높이까지 올라오고 나한들
이 부처를 빙 둘러싸는, 원형구도가 특징이다. 고려 불화는 본존불을
크게 하고 협시불을 무릎 아래 그리는 상하구도이다.

37)목포대학교박물관, 『월남사지』, 강진군, 1995.

참고 문헌

김정호, 『구림』, 향토문화진흥원, 1992.

김현준, 『사찰, 그 속에 깃든 의미』, 교보문고, 1991.

광주민학회, 『월출산』, 전라남도, 1988.

목포대학교박물관, 『월남사지』, 강진군, 1995.

박기성, 「월출산」, 『사람과 산』, 1994년 3월호.

조석필, 『태백산맥은 없다』, 사람과 산, 1997.

이해준, 『다시 쓰는 전라도 역사』, 금호문화, 1995.

장경희 등, 『한국 미술문화의 이해』, 예경, 1994.

최영선, 『자연사기행』, 한겨레신문사, 1995.

『한국문화상징사전』, 동아출판사, 1992.

한국자연보호협회, 『월출산 일대 종합 학술조사 보고서』, 1989.

빛깔있는 책들 301-30

월출산

글	조석필
사진	심병우

발행인	김남석
발행처	주식회사 대원사

편집 이사	김정옥
전 무	정만성
영업 부장	이현석

첫판 1쇄	1997년 9월 12일 발행
재판 1쇄	2011년 5월 30일 발행

주식회사 대원사
우편번호/135-943
서울 강남구 일원동 640-2
전화번호/(02) 757-6717~9
팩시밀리/(02) 775-8043
등록번호/제 3-191호
http://www.daewonsa.co.kr

빛깔있는 책들은 계속 나옵니다.

책값/8500원

ISBN 89-369-0202-4 00980

빛깔있는 책들